黄土沟壑村庄的绿色消解

于 洋 著

中国建筑工业出版社

图书在版编目（CIP）数据

黄土沟壑村庄的绿色消解 / 于洋著. —北京：中国建筑工业出版社，2016.9

ISBN 978-7-112-19864-1

Ⅰ. ①黄… Ⅱ. ①于… Ⅲ. ①黄土高原－城市绿地－绿化规划－研究 Ⅳ. ①TU984.24

中国版本图书馆CIP数据核字（2016）第220355号

责任编辑：郑淮兵 王晓迪
责任校对：陈晶晶 焦 乐

黄土沟壑村庄的绿色消解
于 洋 著
*
中国建筑工业出版社出版、发行（北京西郊百万庄）
各地新华书店、建筑书店经销
北京锋尚制版有限公司制版
廊坊市海涛印刷有限公司印刷
*
开本：787×960毫米 1/16 印张：14½ 字数：228千字
2016年9月第一版 2016年9月第一次印刷
定价：39.00元
ISBN 978-7-112-19864-1
（29400）

目 录 | Contents

1 绪论

大力推进新型城镇化与农业现代化是国家重大发展战略。中国乡村人居环境如何应对未来20年3亿农村人口离开，逐步量变流转为城镇人口这一巨大转变，无疑会成为国家亟待解决的重大难题。

在我国城乡人居环境的“城—镇—村”结构体系中，城市以其绝对强势的吸引力使得人口不断增长；镇因其城乡双重特性，人口既有被城市吸引走的一面，也存在着吸引乡村人口的另一面，整体表现出动态不稳定性；而乡村则因其绝对弱势的地位始终处于人口持续衰减的发展态势之中。

乡村行政管理划分为中心村与基层村。中心村规模较大，区位较好，往往辐射影响较近处的几个基层村。基层村作为“城—镇—村”体系中的最末端单元，既是规模最小、功能最单一的基本聚居单元，同时也是数量最大、类型最多的基本聚居单元。

进入快速城镇化以来，基于农村劳动力过剩的人力资源条件，迫于农村产业类型单一的限制，受农业经济效益低下的影响，受村落人口规模过小的约束，受城乡体系层级地位弱势的局限，受城市生活与就业条件的强力吸引，中国各地域的基层村程度不等地共同呈现出大规模的数量减少、人口衰减、宅院空置、功能转型、资源浪费等清晰的单边倒发展趋势。对此复杂的矛盾运动过程，本书研究称之为“消解”。

消解期基层村发展的轨迹和面临的问题与传统基层村截然不同，从城乡规划学角度看，问题主要有两点：其一，主体格局不同。传统基层村规划模式一般呈现出扩张性、增长性和新建式特征，是消解耕地以建设人居生活系统的过程。与此相反，消解期基层村规划模式是消解人居生活系统以发展现代农业产业的模式，呈现出收缩性、减少性和再利用式特征。耕地易转但房屋难变，农作物易铲但乡村的人与社会很难迁移。其二，依托规律不同。传统基层村规划具有主动性、计划性和规律性特征，消解期基层村规划具有动态性、随机性和多变性特征。前者可用主动计划方式应对，但后者必须用动态导引式方法解决。

消解前与消解后的基层村发展都处于相对稳定期，对其进行规划建设并不十分复杂和困难。问题的关键在于消解期，即量变期，期间人口、空间、生产、生活、生计均处于长周期持续不稳定的量变状态。城乡规划学在基层村消解的复杂过程中，不仅要对消解进行解释，对消解周期进行预测，而且必须系统地协调好现时、随时与远时的资源有机高效匹配问题，从理论、原理、方法、技术及应用等方面系统展开创新性研究，以引导基层村人居环境的良性转型，这已成为城乡规划学科当前亟待解决的重要科学问题。

本书面向黄土沟壑区基层村人居环境，基于该地区生态脆弱、贫穷落后、城镇化水平低下、村落布局分散的现实，适应其村庄减少、人口衰减、民居消解、农业现代、生态主导等城镇化影响下的发展态势，针对新型城镇化下黄土沟壑区基层村生产、生活、生态与生存的可持续发展需求，运用“3R”（Reduce，Reuse，Recycle）基础科学原理和城乡规划学基本原理，以基层村发展中所出现的“消解”这一核心问题为突破口，对基层村“绿色消解”的规划方法与设计模式进行综合研究，探讨运用“绿色消解”规划原理与方法来解决基层村人居环境“逆发展期”的问题。研究主要涉及以下几个方面的内容：

其一，从黄土沟壑区基层村的末端角色、条件约束、劳动力剩余和农业经济低效等方面，总体把握其发展的现实状况、特征、规律与问题。明确基层村普遍存在的各类问题的本质，是伴随基层村消解所造成的对农业生产、农村生活、生态环境、乡村社会经济文化等造成的负面效应。

其二，通过对基层村消解实态的大量客观调查，基于黄土沟壑区自然地理空间所呈现的地形区丰富、气候区多变、自然资源空间迥异和民族地区多元化等地域性差别特征，结合地区经济水平、土地生产力潜力、现代农业适生条件等因素，分析归类出基层村消解的不同地域类型和典型类型特征。

其三，从理论层面系统性确立基层村消解的动因要素及其关系；分析了各种动因要素的发展趋势。动因要素包括黄土沟壑区基层村在城镇村体系中地位分析；黄土沟壑区自然地理资源分析；基于农业现代化效应下的基层村劳动力剩余解析；城镇化与国家政策的效应和作用。

其四，系统剖析消解期的基层村人口数量和周期变化规律；提出以土地生产力为基本原理的动态“人—地关系”测算方法；量化并建构了基层村消解典型模式的人口预测技术方案，并前瞻性为后续技术规范研究设定依据。

其五，总结了黄土沟壑区基层村的人口流变规律；提出基层村面向“人口减少”发展大趋势的积极消解的方法论思想；在“绿色”基础理论基础上，提出了基层村绿色消解模式的基本思路；尝试性触及消解期基层村规划原理与方法的适宜性变革；建构黄土沟壑区基层村建筑生活系统的绿色消解模式；提出相应的绿色消解对策。

其六，明确“3R”（Reduce，Reuse，Recycle）理论作为基础科学原理，示例性探索通过民居建筑设计创作模拟方法来研究绿色消解模式。主要内容包括：通过村落空置宅院密度的量化研究与空间分布特征，划分空间空废化斑块类型；从建筑功能、空间形式、建造技术、建筑材料可消解物理性能等方面，对建筑空置类型分析归类，确定基层村空废程度；建立民居建筑绿色消解模式，并给予相应可行性技术支撑；提出再利用对策在农村人口迁移后居住生活建筑转型利用、基础设施由生活型转向农业生产型、农业现代化发展方式调整、空间组织等方面的具体对策。

其七，通过水洼村等在新型城镇化背景下消解期过程中的绿色消解思想、模式及规划对策实践性研究，试图建立并应对验证黄土沟壑区基层村实现绿色消解的基本原则和转型方法。

需要特别说明的是，中国乡村人居环境在持续的快速城镇化进程中，表现为基层村动荡失控发展、农业生产系统与农村生活系统失衡、人口流变下的巨大社会资源浪费、减量发展趋势下的“城—镇—村”体系结构性破坏和复杂的社会问题等。与此同时，城乡规划学的理论与方法有相当长时期与这个真实乡村世界的发展是相对滞后的。黄土沟壑区生态脆弱、贫穷落后、城镇化水平低下、村落布局分散的现实，进一步让乡村人居环境转型更富有迫切性和挑战性。本书研究是对大量基层村现实与转型实践的深入调查与思考，但也深感研究力量的有限和自身理论和实践方面的粗略，恳请各位学者、专家和行业同仁的批评指正。

2 黄土沟壑区基层村发展的现实与问题

全球70%的黄土地分布在中国黄土高原，黄土高原60%的区域由密集交错的沟壑及其之间的塬、梁、峁构成，这便是总面积近30万km^{2}的黄土沟壑地区。这里土层厚实，土质松软，农林牧业历史悠久，农业人口比重大，大小村镇星罗棋布；但这里降雨集中且暴雨多，水土流失严重，生态极度脆弱。

自2006年以来，在社会主义新农村建设政策带动下，在“退耕还林”国家生态安全工程推动下，黄土沟壑区的乡村步入了一个快速转型时期，跨越式的“现代化与集约化”是其典型特征。一方面，农业生产方式小型机械化、畜牧业生产方式“现代小区”化、出行方式机动车化、通信方式手机化、意识观念开放化、公共服务城镇化，从而使生产生活能效增强、劳动力人口解放、就业渠道多元、收入水平提高，乡村现代化基础逐步在形成；另一方面，人口向城镇集约、土地向专业户集约、山坡地向生态林业集约、塬地向经济农林业集约、农业向农林牧业集约、加工业向镇区集约、产品向区域同类化集约、学生向优势教育资源集约，居住向完全小学以上村镇集约，从而使乡村体系区位资源条件分化，空间结构层次势差加大。

显而易见，黄土沟壑区广大的基层村落将首先面临巨大的变迁冲击，将无可避免地发生结构性人居环境质变。为此，我们有必要首先去探究黄土沟壑区基层村的现实与问题。

2.1 黄土沟壑区镇村体系新的变化与动向

城镇化的基本表征即农村人口向城镇的转移。在我国城乡人居环境

“城—镇—村”结构体系中，城市以其绝对强势的吸引力使得人口不断增长；镇因其城乡二元特征，既有被城市吸引掉人口的一面，也存在着吸引乡村人口的一面，表现出动态不稳定性；乡村则因其绝对弱势的地位而始终处于人口持续衰减的态势之中。

2.1.1 自然地理条件影响下的黄土沟壑区镇村体系新变化

黄土高原在中国北方地区与西北地区的交界处，它东起太行山，西至乌鞘岭，南连秦岭，北抵长城，主要包括山西、陕西、甘肃、青海、宁夏、河南等省部分地区，面积40万km^2，占世界黄土分布70%，为世界最大的黄土堆积区。黄土土层厚50～80m，气候较干旱，降水集中，植被稀疏，水土流失严重。黄土高原矿产丰富，煤、石油、铝土储量大。黄土颗粒细，土质松软，含有丰富的矿物质养分，利于耕作，盆地和河谷农垦历史悠久，是中国古代文化的摇篮。但由于缺乏植被保护，加以夏雨集中，且多暴雨，在长期流水侵蚀下地面被分割得非常破碎，形成沟壑交错其间的塬、墚、峁①。

相关研究表明，在黄土高原沟壑区，自然修复恢复的植被，最适应当地的自然环境，形成的群落最为稳定。吴旗县的封禁实践和中科院水土保持研究所的定位观测表明，完全可以依靠自然修复恢复黄土高原的植被，时间也无须很长，3至5年就可以形成较好的植被覆盖。鉴于黄土高原植被建设重点的高位黄土坡地，目前尚无经得起时间考验的稳定人工林草建设的实例及相关营造技术，黄土高原的植被建设现阶段应以自然修复为主，辅以土壤水分条件较好地段的人工造林②。

黄土高原植被分布的地带性规律是毋庸置疑的，自南向北，自然植被呈森林向草原过渡的总体趋势。不同土质、地形部位和坡向的地块，土壤水分状况存在一定差异，适合不同植被群落的生长。

微地貌非地带性黄土高原沟壑密集，地形切割深。由于地表径流和土壤重力，自由水向下运移，塬面、墚、峁等正地形部位，土壤含水量较低，地下水埋藏深；沟谷及沟坡中下部等负地形部位，土壤含水量较高，地下水埋

① 周庆华. 陕北城镇空间形态结构演化及城乡空间模式［J］. 城市规划，2006，2：39-45.
② 霍耀中，刘沛林. 流失中的黄土高原村镇形态［J］. 城市规划，2006，2：56-62.

藏浅。在半干旱、半湿润的气候条件下，沟谷及沟坡中下部的土壤水分条件往往适合树木的生长，自然植被为森林，墚峁、塬面及沟坡中上部的土壤水分条件往往适合草灌的生长，自然植被为草原。沟坡森林植被的分布高度，自南向北呈降低的趋势。

综合治理黄土高原是中国改造自然工程中的重点项目。沟壑区治理方针是以水土保持为中心，改土与治水相结合，治坡与治沟相结合，工程措施与生物措施相结合，实行农林牧综合发展①。

黄土沟壑区地块狭小分散，不利于水利化和机械化农耕作业，农业现代化先天条件不足，与此同时，这里交通不便、灌溉不便、干旱少雨，耕地以沟坡地为主，土地产量不高，从而自古以来乡村都贫穷落后，村落布局呈现出分散格局。而地区中心的镇多位于沟壑之外的塬、墚、峁之上。

今天，黄土沟壑区的自然地理条件局限着农业机械化的发展，局限着工业化的发展，局限着农村就地城镇化的发展，局限着规模化农业的发展，局限着村镇基础设施现代化与高效化的发展，局限着经济收入多元化的发展，局限着缩小地区差和城乡差的可能性，局限着人居环境规模化集约的可行性，等等。

根据相关研究数据，2010年黄土沟壑区80%的人口集聚在17%的土地面积上，受气候、降水、水土资源与海拔等多种自然条件的制约，黄土沟壑区人口空间分布极不平衡的基本格局仍未产生根本变化②。一方面地广人稀，黄土沟壑区约20%县域人口密度低于10人/km^2，72%县域人口密度低于同年全国平均人口密度140人/km^2。另一方面人口超载严重，按照联合国确定的干旱区7人/km^{2}与半干旱区20人/km^{2}的临界值标准，分别有83.6%与70%县域人口密度超载③。

从社会公平、地区公平和城乡公平的未来社会发展目标来看，沟壑区沟壑中的广大乡村将在新时代城镇化、工业化、现代化和规模聚居化冲击下面

---

① 甘枝茂，岳大鹏等. 陕北黄土丘陵沟壑区聚落分布及用地特征［J］. 陕西师范大学学报（自然科学版），2004，3：102–106.

② 张贺龙. 陕西省农村城镇化影响因素及其发展途径分析［D］. 西安：西安工业大学，2012.

③ 张慧. 1990—2010西北地区县域人口数量与空间集疏变化时空距离分析［J］. 干旱区资源与环境，2013，27（7）：33–39.

临结构性迁移。当前该地区不断增加的贫困移民、偏远移民、自在移民大军主体来自于沟壑内的村庄。

如何认识这些变化？很简单，当沟壑河川乡村的姑娘都要外嫁，而小伙子都取不到媳妇的时候，这种变化就很容易理解。

2.1.2 国家生态安全战略需求下的黄土沟壑区镇村体系新动向

在中国西北地区，分布着中国生态最脆弱的自然地理区：高寒极地的青藏高原、沙漠戈壁的塔里木盆地、风蚀沙化的内蒙古高原、水土流失的黄土高原，这里气候严峻、生态恶化。城门失火，殃及池鱼，西北地区生态危机已严重威胁到国家生态安全，其乡村人居环境发展的主体任务必须是生态修复、培育与保护。

黄土高原地处四大生态脆弱地区的内侧，不仅担当本体生态保护与修复的重任，而且肩负着其他三大生态脆弱区最后屏障的义务，黄土高原无疑是西北地区生态保护战略的重中之重。

黄土高原生态系统十分脆弱，主要表现在以下两个方面：其一，黄土高原抵御自然灾害的能力较低。黄土高原的地理位置比较特殊，即处于从平原向山地高原过渡、从沿海向内陆过渡、从湿润向干旱过渡、从森林向草原过渡、从农业向牧业过渡的地区，各种自然要素相互交错，自然环境条件不够稳定，表现为地质地震灾害、水旱灾害和气象灾害，以及水土流失、土壤侵蚀等自然灾害比较频繁和严重。而人类的不合理开发利用，如滥垦、滥牧、过樵、过牧，都会引起自然环境的强烈反应，使得自然灾害发生的频度增大。其二，黄土高原的环境遭到破坏后，恢复相当困难。据历史资料考证，黄土高原曾是塬面广阔、沟壑稀少、植被丰茂的地区。随着人口的增加、人类活动的加剧，环境渐渐恶化，如植被减少，气候变干，土壤遭到侵蚀。然而，要把环境恢复到原来状态，在现有的经济、技术条件下很难做到①。

由于黄土高原土层深厚、覆盖均匀，农业人口密度相对较大，具备农林

① 徐明. 陕北黄土丘陵区农村聚落建设与生态修复关系研究[D]. 西安：西北大学，2009.

业发展平台，其生态环境发展的基础条件与西北其他地区不同。从国家生态安全需求的前提出发，黄土高原乡村主导产业发展战略必须是大力发展现代生态农林产业。

随着人口的增长和文明的发展，农业的生产效率越来越高，人们能用比较少的土地种植粮食。由于人口的增长，人们使用的土地由最初的土地肥沃的地区渐渐转向土壤贫瘠的地区，再到气候条件不好的地区。由于黄土沟壑区沟壑纵横、墚峁起伏、交通不便、水土流失严重，现代大型机械化农林产业生产方式也难适用，小型机械加人工化的现代生态农林业生产方式与放任自然的生态自养育方式才是必由之路。

自古以来，乡村聚居地域选择主要受制于农业生产方式的服务半径，受制于生产力水平的劳动能力。与此同理，黄土高原乡村基本聚居单位的空间范围，同样取决于小型机械加人工化的现代生态农林业生产方式的极限服务半径；乡村基本聚居单位的人口规模，同样取决于基本聚居单位空间范围内现代生态农林产业单位劳动力的平均生产支撑能力。

从传统单一农业转型为小型机械加人工化的现代生态农林业，必然带来支撑人口数量的减少和素质的提高；从过去靠天地吃饭转型为靠农林产业收入与国家生态补贴生活，人口的动态平衡稳定局面就会呈现；从依赖土地求生存的农民转型为国家生态安全保护的工兵，劳动的目标、内容以及劳动者的角色均会发生巨变；从传统黄土高坡农家式落后生活模式转型为农林产业基地式现代化生态聚居生活模式，乡村基本聚居单位空间布局结构及规划模式必然发生根本性的变化。

乡村按照层级一般分为中心村与基层村。中心村规模较大，区位较好，往往辐射几个基层村。基层村作为“城—镇—村”体系中的最末端单元，既是最小、最单纯的基本聚居单元，同时也是数量最大、类型最多的基本聚居单元，长期以来，基于农村劳动力过剩的状况、迫于农村产业类型单一的限制、受农业经济效益低下的影响、受村落人口规模过小的瓶颈、受城乡体系层级地位弱势的局限，受城市生活与就业条件的强力吸引，广大的基层村程度不等地共同呈现出数量减少、人口衰减、宅院空置、职能转型等清晰的单边倒趋势。2000年以来，基层村由363万个锐减到271万，平均每天至少消失100个基层村[1]。

2.1.3 城镇化影响下的黄土沟壑区镇村体系新趋势

城镇化一词最早提出是在2001年，目前已经成为中国谋求经济持续发展的希望和动力；而城市化（urbanization）则是一个反映农村人口向城市转移的国际通用词汇[2]。这两者之间的区别似乎在于前者发展的模式更加多样化，更代表国情的实际需求，即既要发展大城市，又要建设好小城镇。农村的城镇化，就是以乡镇企业和小城镇为依托，实现农村人口由第一产业向第二、三产业的职业转换过程。设想总是完美的，但现实又是如何呢？

在国家城镇化经济发展战略上，黄土沟壑区多属于禁止开发和限制开发区；在人口发展战略上，又多是人口限制区和人口疏散区。受资源环境限制，黄土沟壑区城镇村体系呈现如下特征：城市首位度高的状态始终持续；按照"人口适度集中、面上生态保护、点上集中发展"的原则，城市特别是规模较大的地级市，成为城镇化发展中的重要层面；水资源短缺、土地沙化、水土流失严重或地质灾害多发、经济发展相对落后地区的黄土沟壑区基层村，成为人口减少和显著流出的主要地区；主要交通干线、一二级流域灌溉区和设市城市市辖区等经济相对发展较快地区，是黄土沟壑区本地区人口增加和流入的主要地区。

黄土沟壑区气候干旱、生态环境脆弱、沟壑面积比大、人口密度小、农村生产要素分散、居住分散等问题成为推进城乡一体化所要正视的现实。在地广人稀的黄土沟壑区要实现城乡一体化，需要集中生产要素和人口，需要镇村体系在规模、职能与空间层面的整合。否则，城乡一体化的成本就要高出很多，首先就是交通成本很大。在过去的十多年，黄土沟壑区农地流失于工业用途的不少，这几年由于大幅地增加了工业用地的容积率，农地流失已经缓慢了下来。

中国城乡势差受1994年国家开始实行的财政体制改革影响而加速。不

---

① 数据引自中华人民共和国住房和城乡建设部. 住房城乡建设部农村建设调查，2012年统计数据.

② 宋劲松. 城乡统筹三阶段［J］. 城市规划，2012，1：33-38.

区分城市和农村，分税制统一规定增值税的75%归中央，25%归地方。貌似公平的政策存在一个问题：城市经济以工商业为主，工业效率远高于农业效率数倍，利润大所以提供的税收多，留成也多，城市基础设施就越来越完善，因而来城市投资的人越来越多，工商业就更加发达，城市人口因此规模剧增，商贸业、饮食业、旅店业、娱乐业、旅游业、邮电通信业、交通运输业、地方保险业、信息咨询业和房地产等第三产业就越发达。城市经济实力越来越强，城市居民收入增长速度也越来越快。

另一方面，县（包括县城）以下农村刚好相反，农业产业萎缩，经济发展缓慢，农村居民收入增长缓慢。因为农村经济以农业为主，农业是弱势产业，不仅受市场制约，尤其受大自然制约。农业投入大、生产周期长、产出小，提供的税收少，留成也少。我国长期实行低粮价政策，粮食收购价格和粮食销售价格大大低于国际粮价水平。粮食价格过低是造成农民增收困难、城乡居民收入差距过大、农村消费水平过低的一个重要原因。

中国疆域辽阔，发展十分不均衡，别说城乡之间，就是大城市之间、不同城市之间、首都与其他城市之间，也存在众多人为规定造成的待遇差异。在黄土沟壑区，地域格局决定了这种城乡势差问题更加严重。

2010年世界银行数据显示，中国农业劳动力人均增加值只有545美元，而全球的平均水平为1061美元。但这并不表明中国农业技术水平低下，因为中国每公顷耕地的谷物产量为6988kg，远超美国和日本，几乎是全球平均水平的两倍。因此，中国要提高农业劳动的报酬，只有靠农业劳动人口的不断减少。按中国官方数据，中国的城乡收入比大约是3.2∶1，而同时期发达国家城乡收入比平均为1.5∶1，这就决定了大量的农民不得不离开土地，去城市谋求相对高的收入。此外，年轻人之所以不愿从事农业劳动，原因不仅在于从事农业生产的收入水平低于在城市从事二、三产业，而且农村毕竟是社会边缘地带，无法享受城市诸多的公共服务，也无法参与政治及各种文化娱乐活动[①]。黄土沟壑区农村人口显著流入县域、城镇的数量始终在持续增加。

---

① 褚志远．西北地区农村剩余劳动力转移问题研究——制度变迁与人力资本溢出双重视角［D］．西安：西北大学，2007.

黄土沟壑区有跨级城镇化发展趋势，具体表现为地级市市辖区多是人口显著增加地区和人口显著流入地区，市辖区周边县域则多为人口减少地区和人口流出地区，地级市辖区及其周边基层村是人口变化最剧烈的地方。造成跨级城镇化的大致原因有以下几点：中国至今仍旧存在城乡居民权利不平等和身份限制，城镇化进程中社会等级差异存在，人口流动地选择自然有趋高、趋利的态势；社会保障城乡非一体化，公共服务因城乡而异、因地域而异。

根据研究调查，发现虽然有水洼村这样的个别现象，即存在青壮劳动力回流务农的情况，但对于绝大多数黄土沟壑区的基层村来说，单方向人口外流、离开村向城镇流动是整体趋势。中心村①通常仅是人口数量比基层村规模大，中心村的家庭人口结构、就业年龄分布比例、经济收入来源、村落空间型制等主体内容与基层村基本类似，但是交通便利、区位好的中心村比区位差的中心村稳定态略好。镇则可以服务广大农村，具有一定规模，居住、服务、农业产业、农副产品粗加工、商贸相对发达，成为更多人口的生活服务基地。

黄土沟壑区农业型镇数量比例高，因为在沟壑多、平地少、耕地面积小的地理环境因素主导下，发展机械化农业有相当的困难。缺乏工业产业高效率的助力，农民依靠本身的劳动及机械的、低度应用的小农经济模式，主要增产方式是依靠化肥的投入，但收入增幅限制很大，这使得城镇化进程中农业型镇发展动力不足，吸引力较小。当前工矿型镇虽然发展动力与吸引力较好，但以初级开采消耗地下资源为发展动力的经济成长模式，可以预期在未来长时期的城镇化周期里，欠缺长久的可持续性。

不管在哪儿，只要让基层村的农民拥有了改善的路况条件、便宜的肥料、电力支持以及更好的学校和诊所，自然而然，他们的生产率和收入就会提高。一般来说，村子在沟底的不如在半坡的，在半坡的又不如在塬上的，当然，在塬上的村子比不过近郊的村子。所以地理条件好、靠近交通线的村子，由于发展区位不同，获得的发展条件和机会也不一样。黄土沟壑区镇村体系新趋势需要关注的，正是基于此而进行的资源层级整合。

---

① 中心村，指镇域镇村体系规划中，设有兼为周围村服务的公共设施的村。参见《镇规划标准》（GB50188－2007）。

2.1.4 “三农”现代化影响下的黄土沟壑区镇村体系新预期

审视中国从小农经济向现代化过渡的历史，“三农”问题在过去一百年里，一直是发展的主要问题。所谓的农业问题、农民问题和农村问题，最根本的就是农民和土地的关系问题，农民和土地的关系，决定了农民对土地的态度和认识。

按照客观经济生活中的逻辑关系，与现在常用的“农业—农村—农民”排序不同，首先应是农业现代化，因为农业是产业核心；其次是农民现代化，源于农民是经营产业的能动力量；第三是农村现代化，因为农村是承载农业为主业、农民聚居的地区。这个排序不意味着时间安排上的先后，而是农村社会经济生活整体发展逻辑上的因果制衡关系（表2-1）。

“三农”政策演变的四个阶段特征分析 表2-1

<table>
<tr><th colspan="2" rowspan="3">社会发展阶段</th><th colspan="2">农业社会</th><th colspan="2">工业化初期</th><th colspan="2">向工业化中期迈进期</th><th colspan="2">工业化中期</th></tr>
<tr><th colspan="2">（1949~1952年）</th><th colspan="2">（1953~1977年）</th><th colspan="2">（1978~2001年）</th><th colspan="2">（2002~）</th></tr>
<tr><th>1949年</th><th>1952年</th><th>1953年</th><th>1977年</th><th>1978年</th><th>2001年</th><th>2002年</th><th>2008年</th></tr>
<tr><td rowspan="4">经济发展水平</td><td>人均GDP(元)</td><td>—</td><td>119</td><td>142</td><td>339</td><td>379</td><td>7651</td><td>9398</td><td>22698</td></tr>
<tr><td>人均粮食产量（kg）</td><td>209</td><td>288</td><td>284</td><td>298</td><td>319</td><td>356</td><td>357</td><td>399</td></tr>
<tr><td>农业增加值占GDP比例</td><td>—</td><td>50.5</td><td>45.9</td><td>29.4</td><td>28.1</td><td>15.8</td><td>13.7</td><td>11.3</td></tr>
<tr><td>城镇化率（%）</td><td>—</td><td>12.5</td><td>13.6</td><td>17.6</td><td>17.9</td><td>37.7</td><td>39.1</td><td>45.7</td></tr>
<tr><td colspan="2">技术状况</td><td colspan="2">传统生产技术</td><td colspan="2">传统生产技术与农业绿色革命的兴起</td><td colspan="2">现代农业生产要素广泛运用</td><td colspan="2">现代农业生产要素广泛运用</td></tr>
<tr><td colspan="2">体制环境</td><td colspan="2">市场经济</td><td colspan="2">计划经济体制</td><td colspan="2">计划经济体制向市场经济体制转变</td><td colspan="2">市场经济体制</td></tr>
<tr><td colspan="2">国际环境</td><td colspan="2">在国际上被封锁</td><td colspan="2">在国际上被封锁</td><td colspan="2">冷战结束与对外开放</td><td colspan="2">经济全球化和加入WTO</td></tr>
</table>

续表

社会发展阶段	农业社会		工业化初期		向工业化中期迈进期		工业化中期	
	（1949~1952年）		（1953~1977年）		（1978~2001年）		（2002~）	
	1949年	1952年	1953年	1977年	1978年	2001年	2002年	2008年
工农关系	—		农业养育工业		农业养育工业		工业反哺农业	
“三农”政策的重要目标	恢复农业生产和解决全国人民的温饱问题		建立起社会主义制度、农业增产、为工业化提供原料和剩余		农业增产、农民增收		农业增效、农民增收和农村发展	
“三农”政策目标的实现路径①	土地改革		农业生产合作化、农民人民公社化，农产品统派购，就业和户籍制度		家庭承包经营，农业产业化经营、市场化，农村工业化，农村城镇化、村民自治、扶贫		统筹城乡发展，工业反哺农业、城市支持农村，城乡二元制度向一元制度转变	

资料来源：笔者整理

20世纪80年代，农村改革土地重新分配，农民热爱土地，土地也给予慷慨回报。到20世纪90年代，农村改革发生变化，各式各样开发区建设使得可耕地面积不断减少，加之农产品价格不稳，种植成本越来越高，水、化肥、农药、种子都在涨价，辛苦劳动一年，还是赔本。一是种地不赚钱，二是地不够种，这样黄土沟壑区的农民对土地又开始疏离，农民离开基层村进入城镇打工，大量人口流动让这个地区的“城—镇—村”体系在悄然发生改变。

黄土沟壑区的上佳农地太少，农民的人均耕地不及美国百分之一。坡沟地梯田是沟壑区因地少人多，农业生产被迫积极适应自然生境条件的耕耘方式。在第三阶段的工业发展中，农民会继续转到工业去，而农产品的价格会按步上升②。不难推断，农业在不久的将来会转向企业化发展。从事农业的村庄数量越来越少，其原因主要有农业机械化、城市里有更多工作机会以及

① 高虹．村镇规划在城乡规划管理中的政策关系[J]．城市规划，2008，7：79-82.

② 对这些观点的一般性讨论，参见张五常于2006年6月1日发表的新浪博客《工业第三阶段：月是故乡明》。文章说道：“我认为中国的工业发展阶段要以地区划分。第一阶段是珠江三角洲，时间大约为20世纪80年代初期到1992年。第二阶段是长江三角洲，时间大约为1993年到今天。当然，珠三角及长三角还会继续他们的工业励进，我只是从不同阶段的地区重点看。从地区看，中国工业发展的第三阶段会在哪里呢？我的推断，是会回到乡镇那里去，因为月是故乡明。”

其他因素。很多村庄还在传统农业中挣扎求生存，维持其生存的原因仅仅是无其他选择的一种惯性维持。

因此，黄土沟壑区基层村“三农”现代化，将会全面影响农业的产业结构和生产方式的变革，由此农业人口的空间聚居分布也会随之产生质的改变，基层村根本性的转变无法避免。

在黄土沟壑区“城—镇—村”体系中，产业聚集程度在“镇”这个层面，远远不能满足农民城镇化的就业需求[①]，现在各类产业主要还是聚集在“城”这一层面，即集中分布在大城市和大城市群周围。没有产业当然就没有就业，黄土沟壑区基层村农民现代化的目的地具有明显跨级选择的特征。目前我国还有20%的小城镇无集中供水，86%的小城镇无污水处理设施，小城镇的人均市政公用设施投入仅为城市的20%[②]。黄土沟壑区的小城镇，其基础设施建设方面的问题更大。镇的根本性转变也无法避免。

2005年交通部以全国农村公路专项调查为基础，确定农村公路统计标准，并在2006年开始将村道纳入公路统计里程。全国公路总里程中，村道共计153.20万km，占公路总里程的44.3%。全国通公路的乡（镇）占全国乡（镇）总数的98.3%，通公路的建制村占全国建制村总数的86.4%。全国还有672个乡镇和89975个建制村不通公路，其中超过半数的未通公路基层村分布在黄土沟壑区[③]。尽管如此，黄土沟壑区的公路密度已经得到很大改善。

因此，黄土沟壑区城乡一体化发展，需要二三产业优势镇的支撑和高效的基础设施条件发展，以及区域性交通依托格局的重构。对城、镇、村进行体系化的层级整合，可以促进基层村产生质变发展，从而使其成为适应未来农业生产能力和农业技术能力转变需求的新型乡村人居集约单元。

黄土沟壑区大部分地区属于外围广阔的以农村为主的边缘地区与欠发达地区，与城市群的差别很大，要同时得到发展，其主要形式是县域人口的“就近城镇化”，而不是大范围转移到“城市群”。

---

① 参见张五常于2006年8月15日发表的新浪博客《五常谈经济——美国贴补农业对中国有助》。

② 陈锡文. 我国城镇化进程中的“三农”问题［J］. 国际行政学院学报，2012，6：4-11.

③ 资料来自中华人民共和国国史网，为中华人民共和国交通运输部于2009年6月26日发布的统计数据。
http://www.hprc.org.cn/gsgl/zggk/guijijg/guowuyuan/200906/t20090626_11594.html

2.2 黄土沟壑区基层村社会经济变异的实态与困惑

20世纪80年代完成的承包制改革，极大提升了农民的生产积极性，带来农业生产水平的很大提高，并以劳动力和土地资源有效地支持了之后的中国城镇化。历经三十多年积累，农村的人口结构、就业结构、收入结构都发生了巨大变化，包括农民观念也处在变化中。

随着社会经济的迅速发展，城镇化进程中基层村的特征、地位、角色、优势与劣势的演变，一直是学界中被关注的、具有争议性的一类现象，这种演变会影响城乡资源配置和人居空间单元层级的调整与重构。

在科学上，现象、事实、行为或观察所得是同一回事，虽然有些现象是不能用肉眼观察到的。本节讨论的现象，就是上述所指的范畴。研究基层村的社会经济现象，是因为现状就是这样，而且这个趋势是不可逆转的，社会进程就是这样的走法，我们想有效解决基层村面临的问题，必须先看清现象。

2.2.1 人口结构变异与状态的多元化

对农村的定义有许多不同说法。例如，美国规定，凡是人口在2500人以下的市镇，或人口密度每平方英里在1500人以下的地区算作农村，居住地人口在2000人以下的市镇也是农村。欧洲采用的概念，是人口聚居数量在2000人以上为城镇，以下为农村；非农人口占50%以上为城镇，反之为农村。可见人口规模始终是区别城乡的一个重要衡量标准。

追溯到1949年，中国农村人口变异经历了这样的变化：1954年第一部宪法关于迁徙自由权的规定，1954年至1956年是我国历史上户口迁移最频繁的时期，全国迁移人数达7700万，包括大量农民进入城镇居住并被企业招工[①]。到了1961年，国家动员2000万城里人回乡之后，城乡壁垒就已经高高筑起。当前是中国农村的第三次大规模人口迁移。

迁移是造成基层村人口变化的主导因素。近几年基层村人口迁移的特征，从处于这一轮人口变化早期的、地区内的农村和农村之间，变为处于这

① 当代中国研究所. 当代中国史研究[J]. 当代中国史研究，2007，4：73-75.

一轮人口变化后期的地区或跨地区的农村到城市之间。

基层村人口数量变化趋势主要包括：20岁以下农村人口锐减；16~20年前出生的农村人口过去几年陆续进入劳动市场；渐渐下降的出生率预示未来新增劳动力减少的格局。这可以从对洪水泉村（图2-1）和水洼村（图2-2）的调查情况中得到验证。

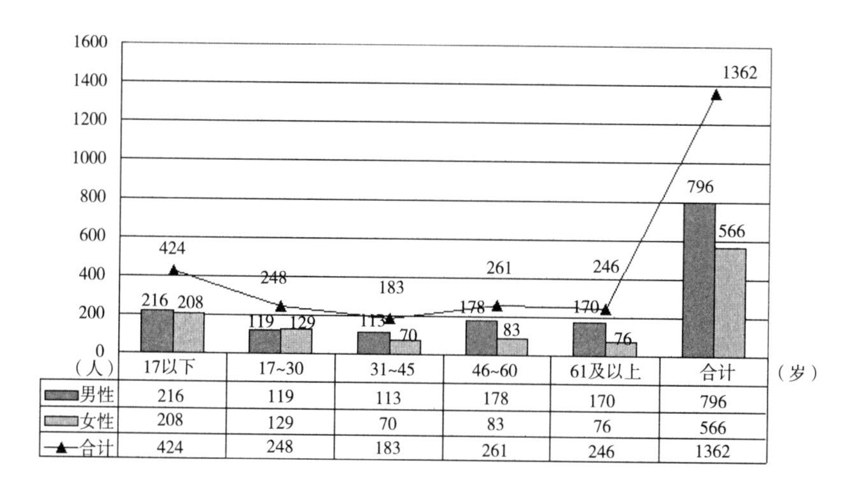

	17以下	17~30	31~45	46~60	61及以上	合计
男性	216	119	113	178	170	796
女性	208	129	70	83	76	566
合计	424	248	183	261	246	1362

图2-1 洪水泉村人口年龄、性别结构分析

资料来源：根据洪水泉村2011年调研数据整理，笔者自绘

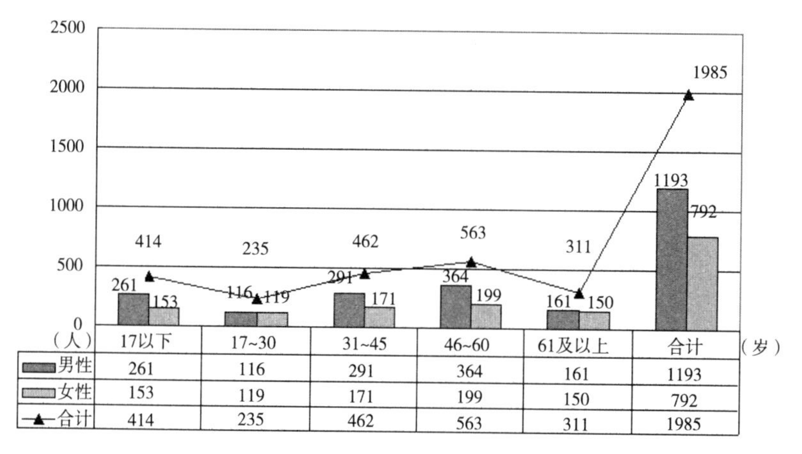

	17以下	17~30	31~45	46~60	61及以上	合计
男性	261	116	291	364	161	1193
女性	153	119	171	199	150	792
合计	414	235	462	563	311	1985

图2-2 水洼村人口年龄、性别结构分析

资料来源：根据水洼村2009年调研数据整理，笔者自绘

基层村人口结构变化趋势主要包括：优势人口首先流失，并促成外流人口持续；农业现代化无法改变农村老龄化趋势；留守农民趋于老弱化，新生代农民成为进城主力；将常住人口中的就业者区分为务农者和非农就业者[①]，在总就业人口中，务农者基本占55%，非农就业者约占45%。平均每户务农者1.57人，非农就业者1.3人；农村仍存在一定数量的剩余劳动力；城乡摆动的两栖人口数量具有不稳定性；既有人口数量一致下降的基层村，也有青壮劳动力部分回归的基层村；人口状态多元化，农忙农闲时基层村人口数量、年龄比例不一样，日常生活与过节时不一样，一年的各个季节也不一样。

就业者的年龄结构变化趋势主要包括：常住人口中的非农就业者以45岁及以下的为主，占常住人口非农就业者的约74%；非常住人口中就业者更是以45岁以下为主，约占94%，其中17~30岁约占64%，而46岁以上的外出打工者已经极少。

近三十年，基层村家庭人口结构变化主要表现为：乡村家庭日益小型化（图2-3）。与改革并行的计划生育政策的实施致使乡村生育水平不断下降，加上浩浩荡荡的“民工潮”，年轻人婚后倾向于独立居住等诸多因素，

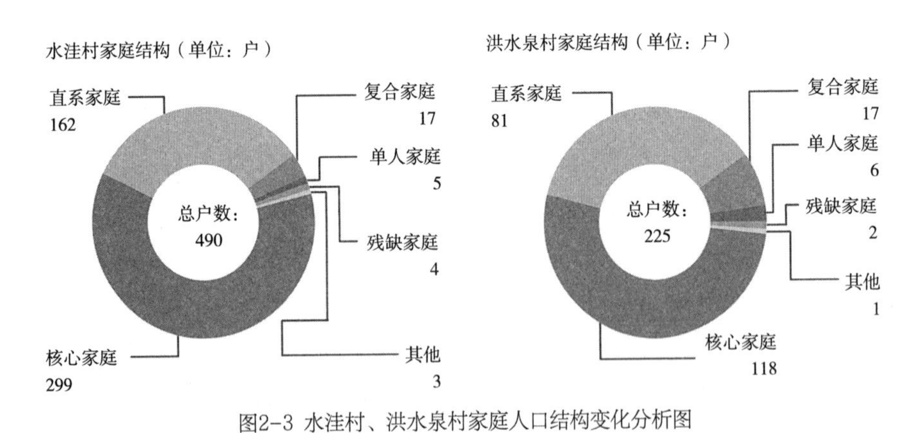

图2-3　水洼村、洪水泉村家庭人口结构变化分析图

资料来源：根据水洼村2009年、洪水泉村2011年调研数据整理，笔者自绘

---

① 在本书研究的过程中，将就业者中务农天数大于等于非农就业天数的人定义为“务农者”，其余为“非农就业者”。

单亲、空巢、缺损及隔代家庭不断增多，乡村家庭的规模一直在缩小。这个趋势通过1982、1990和2000年进行的三次人口普查数据得到了反映，全国家庭户的规模分别为4.30、3.97和3.44人[①]，黄土沟壑区基层村每户家庭人口平均在3.8~4.5人[②]。不仅如此，基层村的家庭结构也在日益简单化。核心家庭、直系家庭、夫妻家庭的数量及所占的比例在不断上升[③]。

2.2.2 当前常住人口结构

调查发现，基层村常住务农者虽然还占农村户籍就业者的一半以上，但老、弱、妇女占了较大比例。非农就业者则是以青壮劳力为主，特别是在外出就业者中，新生代农民成为绝对主力。就业者的性别结构反映在务农者中为女性多于男性，妇女占53.6%。常住人口非农就业者则是男性多于女性，男性占60.8%。非常住人口中就业者的男性比例为60.7%。

基层村里的老人，以前也是农民，现在因年迈体衰，无法受益于蓬勃的经济发展，占据常住人口较大比例。年轻一代教育程度相对较高，纷纷被城镇化浪潮裹挟着进入厂矿企业、进城打工，在常住人口比例中，比实际按照年龄结构划分所占的比例小很多。基层村人口年龄与劳动力构成分析见表2-2。

水洼村年龄与劳动力构成分析表　　表2-2

	第一代农民工（人）										新生代农民工（人）					
	20世纪50年代以前和50年代				20世纪60年代			20世纪70年代			20世纪80年代			20世纪90年代和90年代之后		
教育程度	文盲	小学	中学	高等教育	小学	中学	高等教育	小学	中学	高等教育	小学	中学	高等教育	小学	中学	高等教育
彻底离开(%)	—	3	15	100	16	28	100	21	30	100	24	28	100	69	36	100
城乡摆动(%)	—	5	18	—	33	29	—	57	63	—	67	69	—	28	64	—

① 数据来源：第三次人口普查报告。

② 根据论文调研数据，综合其他相关研究数据进行估算得出此数据。

③ 赵之枫．乡村聚落人地关系的演化及其可持续发展研究[J]．北京工业大学学报，2004，3：31–38.

续表

	第一代农民工（人）										新生代农民工（人）					
	20世纪50年代以前和50年代				20世纪60年代			20世纪70年代			20世纪80年代			20世纪90年代和90年代之后		
留村(%)	100	92	67	—	51	43	—	22	7	—	9	3	—	3	—	—
务农经验（%）	100				98	82	76	98	73	54	27	12	—	—	—	—

资料来源：根据水洼村2009年调查数据计算整理.

半农半工分工结合是农村劳动力向城市大量转移后，农村常住人口的农业生产方式和就业方式的重要特征。这种家庭分工一方面体现为家庭成员有人务农、有人非农就业，其中包括外出就业的分工，另一方面表现为留守农民的兼业。

以水洼村考察常住人口就业方式的情况为例，常住人口就业者中只务农的占54.2%，只非农就业的占15.4%，其余30.4%是兼及农业与非农就业。兼业者中，38%以务农为主，62%以非农就业为主。务农者中以专门务农者为主，占82.4%，兼业的为辅；常住人口中的非农就业者则是兼业占55%，专门非农就业占45%。

2.2.3 经济收入结构改变

农业生产普遍存在雇用专业农工与引进农业机械，相比过去传统的自耕自种自收生产方式，农产品的成本上升呈必然之势，而这上升反映了农民转业的机会成本上升了。

表2-3是来自灵泉村李家的户主给算的这样一笔账：一亩地若是种玉米，要投入2斤种子，每斤30元；底肥30斤，每斤2元左右；追肥5包，共130元；锄草要5人，收获要4人，每人每天工资50元；收获时请人吃饭，两顿要200多元；这些加起来共计有900多元。而每亩地收获的玉米最多只有600斤，市场价1.4元一斤，共840元。算下来，收成最好的一亩地都要亏60元以上。所以从去年年初开始，李家全家就不再种地，儿子儿媳都外出打工，自己和老伴也到镇上做起了小买卖，家里的耕地就不种了。

灵泉村调查农户玉米、小麦种植亩产成本与收益比较分析　表2-3

作物类型	收益类别	大项（每亩）				小项（每亩）	合计（元）
		种子	化肥	刨地	劳动力	其他（农药、除草等）	
玉米	成本（元）	60	190	250	200	200	900
	收益（元）	600斤×1.4元=840					840
小麦	成本（元）	80	170	65	115	100	530
	收益（元）	1000斤×1.1元=1100					1100

资料来源：根据灵泉村2010年调研数据计算整理

同时，过去农民工进城大潮导致了农民工的工资水平持续低下，但是相比种地而言，进城打工的投资回报率水平还是要高一些。现在该潮流已经减缓，在黄土沟壑区的一些地区，还出现了相反的潮流，调研的澄城县王庄镇水洼村就是一个案例。例如，水洼村的王二说："我其实也不是多愿意去镇上或城里去干活。早几年种地、种苹果和养猪的收入加起来，与进城打工挣的差不多的时候，我就回来自己种地或替人家种地。毕竟在家舒服，还能顾上媳妇和娃。"

根据经济学家张五常的观点，如果中国的经济改革能使农民在人口中的百分比与他们对国民总收入的贡献百分比大致相等，农村经济发展就大功告成。借用经济学原理，我们可以从农产品的物价上升推出农作成本的上升，跟着从这成本的上升，可以推出农民的机会成本上升，而成本等于收入，收入等于生计，我们可以单从下面一些简单的数字转变知道基层村农民的生活是有着急速的改进的，但与大功告成的程度还相距很远。

村民收入结构中非农收入超过农业收入。农民年收入中农业纯收入占比已经不足20%，而非农收入占了六成以上，平均来说农民家庭的非农收入已经相当于农业收入的3倍。农业收入仍大于非农收入的农户大体占三成，近七成农户的非农收入超过农业收入；三成农户非农收入已经占到年收入的80%以上。农民外出从事非农就业的几个主要行业中，交通运输业、采矿业和建筑业收入水平较高，住宿餐饮业、服务业和制造业的农民工收入较低。

收入结构的这种变化是一个非常重要的改变，对农民从主观意识到实践行为都产生了重要影响。比较务农者、常住人口就业者和外出就业者人均年收入：根据入户调查数据分析，务农者人均年收入5500元至6500元，常住人口非农就业者人均年收入可以超过2万元，非常住人口就业者人均年收入2.5万元左右。非农就业者年收入在2万元左右，是务农就业者年收入的3倍多。务农收入和非农就业收入存在这样的差距，是农民主要靠非农收入提高年收入水平的原因，也是非农收入占年收入比重越来越高的原因。

根据洪水泉村对村民进行收入水平调查的数据统计，按收入水平将调查的167户分为5组，最高收入20%组人均年收入为33469元，主要是村里的养羊大户；最低收入20%组人均年收入1925元，主要是纯种地和老人留守的家庭。前者是后者的17.4倍，因从事农业类型的差异，村民的收入水平差距很大。

根据调查数据计算，从务农与非农就业的日收入比较中，务农平均日收入26.7 元，常住人口非农就业平均日收入为71.5元，常住人口非农就业每日收入约是务农者每日收入的2.6倍。

2.2.4 社会组织方式改变

传统农耕社会里的传统文化与宗族规矩组织模式淡化，基层村转向村委会组织模式，即在行政管理下脱离原有秩序和关系约束的一种模式。根据村民委员会组织法规定①，村民委员会是自我管理、自我教育、自我服务的基层群众性自治组织，拥有管理本村属于村农民集体所有的土地和其他财产的权利，如村民的选举、新批宅基地、土地承包经营方案、村集体经济项目的立项、承包方案、宅基地的使用方案、征地补偿费的使用、分配方案等。尽管村民委员会职责规定清楚，但村民对集体几乎无依赖性。

农村最大的特色是安全和稳定，邻里之间守望相助，是一个共同体，是一个社区，这也是农村与城市的本质区别之一，但现在情况已发生变化。在灵泉村调研时，村头一户贺姓人家刚好在翻盖偏房，户主说请来村里有泥瓦工手艺的几位村民帮忙，不好意思白用人家时间，耽搁了别人挣钱，所以都是按照每天每人100元工钱付钱，这已经算是人情价码。现在村民邻里之间

---

① 第十一届全国人民代表大会常务委员会. 中华人民共和国村民委员会自治法. 北京，2010.

传统的互惠性换工、帮工、互助几乎已经不复存在，无论是在生产上还是在日常生活上，农民之间的劳动关系都变成即时性的金钱交易。

基层村社会组织更趋于松散。家庭的大小随着其结构由大家庭变为核心家庭而缩小（表2-4）。于是村里家庭数量的上升速率超过了人口增长速率。有趣的是，基层村社会组织改变，带动了一个隐性的资源消耗的变化。有研究表明，与单纯的人口增长相比，**这种家庭小型化的变化会导致双倍的资源消耗**（Tulus Tambunan，1995）[①]。原因是人均拥有的电器数量和耗电量增加，以及人均居住面积和宅院面积增加。**和较小的家庭相比，较大家庭里人均耗电量较少**（Fred Lerise 等，2000）[②]。基层村能源的消耗与其社会组织方式也有关联。

水洼村家庭结构类型分析　　表2-4

村名	家庭类型	核心家庭	直系家庭	复合家庭	单人家庭	残缺家庭	其他	合计
水洼村	户数（户）	118	81	17	6	2	1	225
	百分比	52.2%	36.1%	7.6%	2.4%	1.0%	0.7%	100%
洪水泉村	户数（户）	299	162	17	5	4	3	490
	百分比	61.0%	33.0%	3.5%	1.1%	0.8%	0.6%	100%

资料来源：水洼村数据来自2009年调查，洪水泉村数据来自2010年调查

基层村就业方式的多元化引起基层村社会组织的复杂性变化。根据调研，灵泉村代表了距离城市较近的一种基层村就业类型，全村外出打工村民三百多人，可以获得确切资料的村民177人，从事的职业包括技工、经商、餐饮、刻图章、运输、复印、保洁员、护工、送快递、洗车等30多种。村里的社会生活和每户的家庭生活情况，本村的村民自己经常也说不清楚。洪

① Tulus Tambunan. Forces Behind the Growth of Rural Industries in Developing Countries: A Survey of Literature and A Case Study from Indonesia [J]. Journal of Rural Studies, 1995, 2: 203–215.

② Fred Lerise. Centralised Spatial Planning Practice and Land Development Realities in Rural Tanzania [J]. Habitat International, 2000, 24: 185–200.

水泉村完全是回族村民，代表另外一类黄土沟壑区偏远地区的基层村。村民相互之间了解的信息，经常是早两三年以前知道的，近期的情况反而变得不清楚。

毋庸置疑，基层村农业生产模式在悄然改变，生产模式雇用化比较普遍。证据是农村实际从事农业工作的人口大幅减少，但农产品的产量仍在上升，没有下降的迹象。这是为什么？原因是这些年农业生产模式雇用化，农村转而雇用专业农工，也多用农业机械来协助生产。还有就是农民转到工商业去的那么多，不少农地被弃置了，国家取消了农业税，这些弃置了的农地又再被耕作起来。生产模式雇佣化概念逾越了传统农耕时期本村周边亲友互助的方式，外来短期、季节性帮工人员也在一定程度上改变了基层村的社会组织关系。

由于缺失信仰和凝聚力，村民比较关心的是经济收入问题，集体观念较淡漠。基层村社会组织模式的城市化倾向，更加速了每个家庭的独立，依赖于公共服务设施；通信方式手机化和网络化，使亲情依赖性淡化。

基层村常住人口结构的异化引起邻里关系的特殊变化，邻里依存关系变得淡化，你借用我家筛子，我借用你家榨油机这种从前日常生活中常见的情景几乎消失。只是在婚丧嫁娶满月等大事上，能看到村里往日生活的一些互动性和互补性。经济相对较好的黄土沟壑区，有些村里在进行这些大事时用的餐具也变成一次性纸餐具。

基层村基础生活条件的普遍提高、交通方式的机动车化引起时空缩小，过去在生产与生活中的难题已变得不是问题。以发达国家的发展经验看，村里从事农业的人口在10%左右，村里将近90%的人不是农民，但他们住在村里。以苏南、浙江农村摩托化后的经验，从村到镇、市里也就半小时。这时候村不再等同于农村，村里住的人也不完全是农民，应该是从事二、三产业为主的人，这种社会组织变革是基层村历史上从未有过的。

2.2.5 农民观念的改变

本节重点分析农民对土地和种植观念的变化，变化产生于农民一方面不想种地，另一方面也不想放弃土地的矛盾中。

维系农民与农村关系最重要的因素是土地，20世纪80年代后出生的农村人口，基本都没有赶上以联产承包责任制为主体的农村土地改革，他们中的绝大多数人没有土地。没有土地，对于一个农民来说，就意味着断了生活的后路，农村没有太多值得留恋的地方，这代人只好到城市里背水一战。据农业部调查，新生代农民工没有从事过农业生产的占84.5%，希望在城里定居的占93.6%。80%的新生代农民工基本上不会干农活，38%的人从来没有务农经验[①]。

从农民对土地和种植的主观评价分析，多数农民的理念仍然是原有的比较传统的土地观念，并且这种观念在一般情况下仍然指导着多数农民的行为。但原有观念已经开始发生轻微的变化，可以说中国农民正处在一个观念变化期。

这种变化表现在：其一，对待土地的态度变化。对于“土地不能撂荒”这个问题，水洼村受访村民为103人，有6个人表示可以撂荒，还有11个人表示无所谓，而对“土地是农民的生活保障”以及“土地是农民的主要收入来源”的观点，持不认同或无所谓态度的人比例就更高些。

其二，关于土地对农民家庭的意义。最重要的观念变化在于原有“视土地为生存之本”的观念，让位于“土地是我家财产”的观念。回答中赞同“土地是我家财产，不能轻易失去”观点的人占多数，“承包地是集体财产，村里想收回就收回”的反对者很多。给出“失去承包地就失去了生活保障”的想法有34人，认为“种地是我家主要收入来源”的有7人。尽管多数农民仍然重视土地的保障意义、收入意义，但总体来说，农民出于保障原因、收入原因对土地的依赖在减少。

其三，关于土地在什么条件下可以卖出的调查，53户坚持“在任何情况下不同意”卖地，也有4户表示“现在就可以卖”，即不需要再有附加条件。其余各户表示有一定条件就可以卖地。这意味着农民在决定是否卖地时，土地的财产意义成为重要的决定因素。

其四，对宅基地的态度在大石头村120户进行调查，81户选择“留住宅

---

① 数据转引自农业部长韩长赋的专题报告《实现中国梦基础在“三农”》2013。

基地和宅院房产”；15户选择“有偿转让，可租可卖”；6户选择“用城镇户口或资金补偿换取宅基地”；3户选择“城里的住房置换村上的宅基地”；15户选择其他方式。越年轻的村民，接受有偿转让或置换城里住房的比例相对越高。

农民的观念正处在一个转变期，村民经济收入对土地的依赖日益下降，农民家庭非农收入超过农业收入，新生代农民相比老一代农民，受教育程度高，信息来源多，认识水平提高，是给农民原有观念带来冲击的重要因素。

2.3 黄土沟壑区基层村人居环境的量变形势与问题

2.3.1 基层村人居环境的衰落格局

黄土高原是乡土村落最密集、传统农耕文化最深厚的地方。黄土是可耕种土地，适合种庄稼，所以不管地形地貌怎样破碎都能养活人。千百年来黄土沟壑区有人，自然就有了农业生产和生活，有了承载生活的人居环境形态各异的村落。尽管黄土地还在，农业生产还在持续，但近三十年黄土沟壑区基层村人口的骤减，必然造成基层村人居环境格局的改变。在这种改变中，一个值得思考的原问题，是拥有什么内容，才能够被称为是“村”；失去什么内容，“村”实质上就不存在了。

以澄城县为例，基层村村落群人居环境的新变化表现在：其一，坡上村人居环境加速衰落。房子宅院还在，但很多建筑质量还可以的已经没有人再居住，宅院建筑空间资源空闲率更加突出。坡上村村民迁到就近的塬上村，但不是以原村的整体形式加入，而是几户十几户分散到邻近的塬上村，并在那里新划宅基地盖房居住。迁走村民的生产用地不动，村民还在原来村子的承包地里劳动。

塬上村的人居环境经历了衰落后再局部繁荣的逆向发展。近二十年，塬上村向城镇方向流失人口，既有村落建筑生活空间经历了衰退的格局，宅院空置率高。近五年，虽然塬上村实际居住人口在增加，但增加的人口可能来自附近的几个坡上村的村民。本村原生村民在减少，外村家庭在增加，社会

图2-4 水洼村废弃窑院分布现状

资料来源：笔者自摄、自绘

结构改变。空置宅院有的租用、有的买卖、有的翻新重建。上述这种基层村人居环境的变化在黄土沟壑区其他地方也普遍存在。

宅院居住使用状态是基层村人居环境格局最直观的反应，空废宅院持续增多，图2-4是水洼村窑院使用近况，反映了窑院式基层村人居环境的衰落景象。

村小学经历的设置、建设、撤并、使用和废弃过程，集中体现出人口减少后，基层村缺乏基本的人口支撑规模，村里的公共建筑也随之衰落。据统计，截至2010年，农村教学点减少到65447个，农村小学减少到208148所，农村初中减少到28707所，分别比1998年减少了64.3%、57.8%和30.6%[①]。再以党家村为例，其基层村公共建筑也经历普遍退化，图2-5表现出传统公共空间衰败的空间格局。

基层村建设用地静态化是人居环境衰败的又一特点。据灵泉村村民自己讲述，村里近90%的宅院至少在最近的十年里，几乎没有新建、大面积翻建、改造维修等建筑活动，道路等建设的停滞时间更久。

① 王景新. 我国新农村建设的形态、范例、区域差异及应讨论的问题[J]. 小城镇建设，2006，3：79-85.

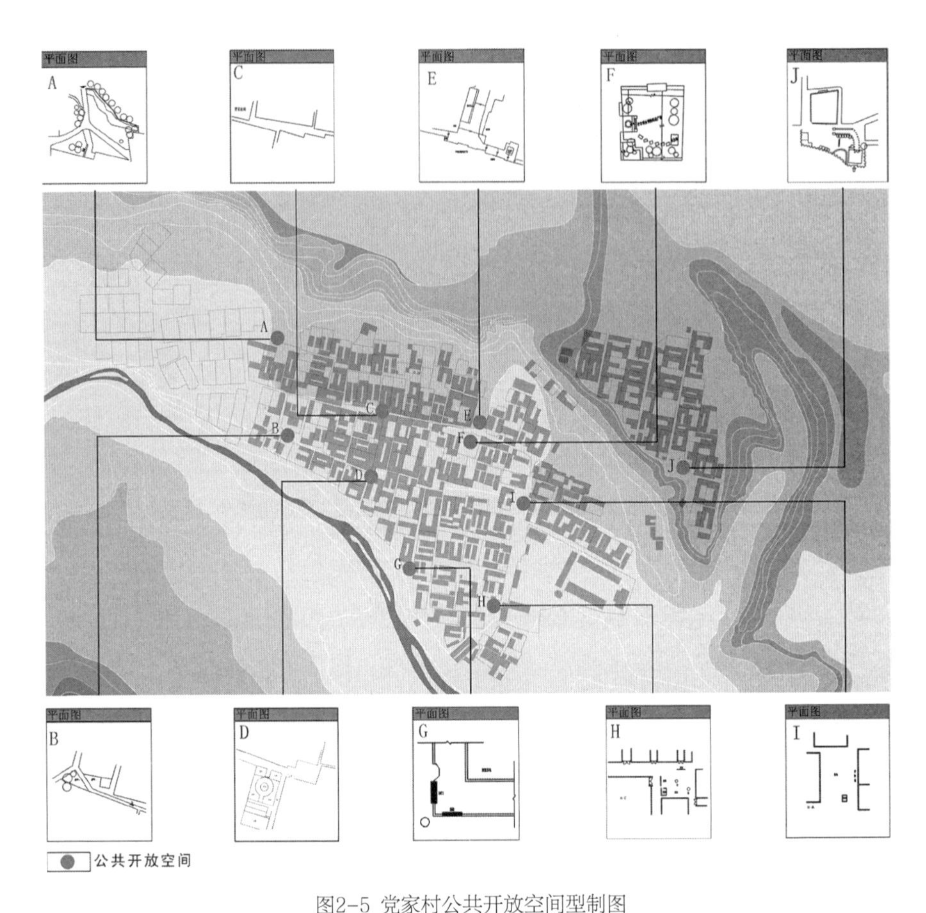

图2-5 党家村公共开放空间型制图

资料来源：根据《党家村历史文化名村保护规划2011—2015》绘制

2.3.2 基层村人居环境的发展现象

城乡生活水平原来的差异没有近年这样巨大。近三十年，城市发展迅速，农村后来一下子发现自己被人抛得很远以后，就有一种赶超思维，即如何才能用最快的速度，赶上城市当前的发展水平。

为了达到这个目的，就采取了很多极端的手段，以达到农村眼下这种非常明确的追赶需求。抄袭、照搬、模仿是农业生产系统和建筑生活系统中都广泛存在的追求快速发展的思路。

乡村建筑本体原本应该是一种地域建筑，由试错而逐渐发展完善，这建

传统民居设计示范　　现代民居设计示范

图2-6 高庙新农村建设民居示范

资料来源：转引自《湖滨区高庙乡乡驻地控制性详细规划》(2011)

立在黄土沟壑区生活的人们历代经验总结的基础上。在追赶和认同城市思路的双重影响下，基层村新建设的农宅采用拟城市手段，达到快速的、表面化的人居环境提升。图2-6是高庙新农村建设的一种人居环境的示范。

基层村宅院建设发展有两种情况：一是在原址改建或翻建，这种方式多发生在非窑院农宅的基层村，以及原来宅院地理位置不错的村民家。前者是因为宅基地紧邻造成窑院基本上家家相连，比邻的窑洞墙体在受力结构上相互影响，其中一户很难独立进行改建或翻建。新建设宅院不再是窑洞或土坯房，而是以砖混建筑居多。

二是有能力新建宅院时，村民更愿意向半沟壑开阔区迁移。这种选择主要是考虑半沟壑开阔区有更适宜的人居条件，自觉地向人居密度更大的地方靠近，以达到生活和交往更方便的目的。

基层村人居环境的另外一个发展变化，是原来因为地形地貌而产生的团簇状村落居住空间形态，被养殖业生产设施建筑在宅院群之间填充建设。一般特征是，规模小一些的养殖业生产设施建筑，通常选择比较靠近养殖户自家的宅院地段建设；而规模大一些的养殖业生产设施建筑，建设位置主要就村里空地来选择，距离养殖户宅院的远近不再是首要考虑的条件。

基层村人居环境基础设施的发展，主要集中在修建道路和简易给水系统上。基层村对外联系的道路，一般由政府来修建，在村域用地的边界上留对接路口。基层村内部道路主要翻新修建主路，街巷之间大多依然是老路。生活用水是基层村生活品质改善的首要需求，排水基本不具备技术支撑。比较出乎预料的情况，是在调研中村民对网络需求的迫切性。原因一方面是外出打工村民带回了对生活品质和信息的需求，另一方面是现代农业产业发展对网络化推广农产品、了解市场等的需求。

2.3.3 基层村村落自然与历史文化遗存状态

中华民族历史五千年，这五千年主要表达为一个纯粹的农业文明。村落是我们农耕生活遥远的源头与根据地。城市出现之后，催生出精英文化，可是最能体现民众精神实质与气质的民间文化一直活生生存在于村落里，并且世代相传。今天，黄土沟壑区的生存环境已经变了，基层村村落自然与历史文化都处在很难改变但又必须改变的时代里。

自然遗存包括基层村所在地的自然物候条件，包括地形地貌、山水格局、气候土壤、植被动物，等等。人类农耕早期面临的最主要问题，都是自然问题。这个面对自然发生反应的过程，就是农耕文明中早期文化得以形成的过程。所以，如果在早期文化起源的时候，大家最初的自然物候条件不同，那么文化的反应方式一定是不同的[①]，即基层村基于自然地域性产生的差异。

文化直接表达的就是我们的生存方式。随着社会的发展，人们的技术能力和生产能力提高，自然对人的影响越来越小，社会密度越来越高。这个时候，文化的主要反应，或者人们生存的主要反应，是面对社会问题的反应，这样文化才发生另外的变质，即基层村基于文化社会生活产生的差异。

近年来，联合国粮农组织全球重要农业文化遗产（GIAHS）倡导全世

---

① 王东岳. 传统文化现代启示录（上）. 国学堂，日记，开心网. http://www. kx001. com/guoxuetang/diary/view_76412673_39414364. html.

界关注农业文化遗产，使其得到有效保护与可持续发展。包括从生物多样性、农田生态环境、农村生态文明、资源循环利用与可持续管理、生态系统结构与功能等方面，以及从遗址、古建等物质性和传统知识、传统技艺、乡规民约、民俗节庆、民间艺术等非物质性遗产等方面，按照规划时段的划分，确定农业生态保护的基本目标、主要内容与具体措施及行动计划。而这是基层村历史文化遗存被忽视的重要部分。

农村自然与历史文化遗存本来是独有的、差异于城市的唯一不可再生资源，是农村媲美城市的资本，也是一种难以用人工制造的财富和资源。追求经济发展，基层村牺牲了自己的自然资源和生态资源，这种对自然遗存资源价值的认识模式，造成了初级的开发利用或破坏。例如，没有控制地在新址建设宅院，破坏了基层村建筑空间系统原来的山水格局；化肥、农药过度使用造成了严重污染；野生动物减少，乡村生物多样性急剧下降；大树、老树和古树被廉价卖进城市；村里的涝池、小河等水量减少，规模缩小；挖土烧砖、拦河挖沙石、开山挖石等，这些都是为了眼前的快速经济收益。

传统村落的建筑无论历史多久，都不同于古建筑（图2-7）。古建筑属于过去时，乡土建筑是现在时。所有建筑内全都有人居住和生活，必需不断地修缮乃至更新与新建。所以村落不会是某个时代风格一致的古建筑群，而是斑驳而丰富地呈现着它动态演变的历史进程。它的历史不是滞固的和平面的，而是活态的和立体的。对于这一遗产的确认和保护的标准应该专门制定和自成体系[①]。

在由农耕社会向工业社会的转型中，村落的减少与消亡是正常的，世界各国都是如此；城镇化是农村发展的重要方向与途径，世界也都是这样。但不能因此，我们对村落的文明财富就可以不知底数，不留家底，粗率地大破大立，致使文明传统及其传承受到粗暴的伤害[②]。

---

① 冯骥才. 传统村落的困境与出路——兼谈传统村落是另一类文化遗产. 人民网，人民日报，2012，12，07. http://www. npopss-cn. gov. cn/n/2012/1207/ c219470 -19821903. html.

② 同上。

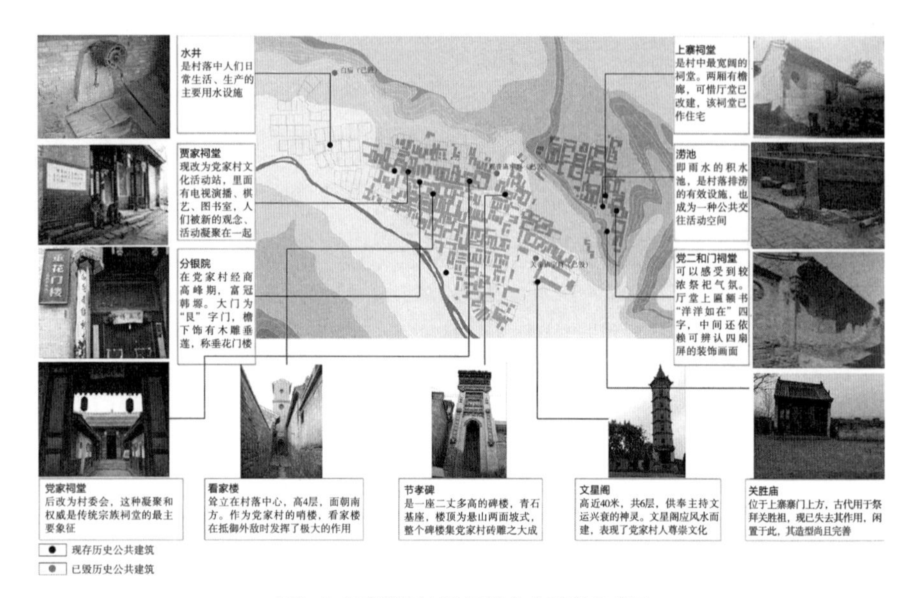

图2-7 党家村现存及已毁公共建筑实态图

资料来源：根据《党家村历史文化名村保护规划2011—2015》，笔者自绘

2.3.4 基层村民居宅院建筑的变化与发展趋势

传统民居宅院建筑以窑院形式居多，作为黄土沟壑区主要的一种乡土建筑形式，因其经济性、耐久性和对自然环境的最佳适应性，已经延续了数千年。

在黄土沟壑区的墚峁地区，民居一般采用靠崖式窑居形式①。这些墚峁地区通常交通和地理条件不便，社会服务设施落后。政府主导的移民搬迁，推动了这类地区的村民向平塬地区迁移。异地迁移后，靠崖式窑居被房居建筑和独立式窑居建筑取代。

在黄土沟壑区的台塬地区，民居一般以传统独立式平地窑（箍窑）为主。院落基本为两孔窑洞模式，每孔窑洞净面积约50m^2，具有冬暖夏凉、投资少、施工技术不复杂等优势。传统独立式平地窑从历史上一直延续至今，并且不断被建设和使用，属于还在建、还在用、还有民间施工技术人群

① 雷振东. 整合与重构——关中乡村聚落转型研究［M］. 南京：东南大学出版社，2009：67.

生存的一类民居。

调查中传统独立式平地窑仍然是基层村村民喜欢的一种建筑形式，当前还是黄土沟壑区使用最普遍的一种建筑类型。它的变化新趋势表现在：附属用房已经较少采用厦房，大多数窑洞为正房，配合砖混平房作为门房和厢房。

新民居宅院建筑以房居宅院为主，院落主要空间布局模式有前院式、后院式、前后院式、前院带卫生窄道式和后院带卫生窄道式五种主要类型。建筑主要功能包括四个部分：主体建筑、附属建筑、院落和门户。主体建筑一般位于宅基地正面，提供正厅会客吃饭、卧室起居和部分生活储藏等主要生活功能。家庭人口减少后，卧室数量要求随之减少，比较普遍的是三间卧室的功能布局。附属建筑大部分包括了厨房、粮食等生活资料储藏功能，新增加停放农用拖拉机、人力板车等生产资料的辅助功能。因院落较小，除保持种菜种树取水的传统复合功能外，空间利用的新趋势是摩托车、汽车等交通工具的停放功能。门户有两种方式，一种是传统的单设院门与院落相接，一种是直接设在主体建筑上。

表2-5是水洼村现状民居建筑使用状况调查，一些废弃宅院的自在发展现象主要表现在转换成养殖牛、羊、鸡的生产空间。

水洼村废弃窑院数量统计表　　表2-5

	上杨家洼	下杨家洼	水洼村	马庄	总计
废窑院数（院）	8	15	16	8	47
废窑洞数（孔）	36	58	36	30	160
建筑面积（m^2）	1440	2320	1440	1200	6400

资料来源：根据水洼村2009年调查资料整理

2.4 黄土沟壑区基层村现代农业产业发展及其引发的新形势

现代农业产业的路径是农业工业化。工业化的特点是消灭差异化，变成标准化；另一个特点是线性的因果思维，即给出命令，得到结果，而且是越快越好。广义地说，工业跟农业相比，一是产能极大提高，二是生产速度高效。但是工业化本身在产能增加的同时，也导致它的价值急剧下降。

农业恰恰不是这样，它对所处的自然物候有很大的依赖性和共生性，它的价值是自然呈现、顺势而为的。农业的现代化，其内涵并不是去农业化。现代农业不仅是一种生活方式，还可以成为一种商业模式和一种工作方式。如同法国的葡萄酒工业，虽然制造看似很简单、接地气、几百上千年一直生产的东西，其产业体系却融合了现代农业、工业、旅游业等。

黄土沟壑区现代农业产业发展到底应该如何进行，必须进一步分析。

2.4.1 黄土沟壑区基层村农业现代化的表征与趋向

20世纪80年代上半期土地承包制实行后，黄土沟壑区基层村在大约二十年时间中，缓慢发生并渐进完成了一轮耕作方式的革命，特征是以机械、化肥、农药、除草剂等工业性生产资料代替人力、畜力、农家肥等天然性生产资料。伴随这一变革的发展，黄土沟壑区基层村劳动力得到不断的释放，形成了今天的农业生产力基础。同时，农业技术的广泛应用，特别是良种的不断更新，结合机械耕种和化肥的广泛使用，有效提高了单位产量。以玉米亩产量为例，以前集体化时期亩产量只有二三百斤，现在亩产千斤是基本平均水平。

在水洼村种植户调查中（表2-6），63%的户数至少会在一个耕作环节上使用机械，大约91%的户数会使用除草剂，95%的户数会使用农药，化肥的使用程度几乎全面覆盖。与此同时，在全村490户中，还养着干活牲畜仅20户，也存在几户共养一头牲畜，以及租用别人家牲畜的情况，但使用牲畜耕作的方式已经远远不是主流。传统农家肥使用户数比例下降到17%。

水洼村农业耕作方式调查数据分析表 表2-6

生产资料		户数（户）	比例
工业性生产资料	至少一个耕作环节使用机械	309	63%
	使用除草剂	448	91%
	使用农药	466	95%
	使用化肥	487	99%

续表

生产资料		户数（户）	比例
天然性生产资料	养有干活牲畜	20	4%
	租用畜力	34	7%
	人力	207	42%
	传统农家肥	83	17%

资料来源：根据水洼村2009年调查资料整理

参考西方发达国家的路径，农业现代化大致可以有两种类型选择：一类是瑞士、法国、意大利等发达国家，它们的现代农业始终跟工业文明审慎地保持着距离，拥有工业竞争力的是跟传统农业和手工业特别接近的现代农业，例如香水业、葡萄酒业等利润很高的现代农业产业，这些在很大程度上其实是农产品深加工而已。这是一种向后看的时间观。另一类是以美国、日本为代表的国家，它们强调工业化，强调生产流水线，利用农机、高科技养殖等高产品量和低利润来形成国家农业的竞争力。它是往前看的，即所有的产品，越新的、越低成本的就越好。

总体来说，中国农业现代化有三个特征：资源约束型农业现代化、粮食主导型农业现代化、工业优先型农业现代化。2008年，中国谷物单产、水稻单产和小麦单产已经达到经济发达国家水平，玉米单产和土地生产率已经达到经济中等发达国家水平[①]。但农业劳动生产率的相对低水平，已经成为提高中国劳动生产率和现代化水平的一个制约瓶颈。

农业现代化水平的基本衡量标准是农业劳动生产率水平。中国农业现代化把提高土地生产率放在优先位置，适合黄土沟壑区人多地少的地域性，但与农业现代化的基本原理有差别。

黄土沟壑区农业现代化的趋向包括：其一，农业发展和农业转型。农业转型包括农业产业结构和就业结构转型，主要表现是农业增加值比例和农业劳动力比例下降。其二，具有地区多样性和不平衡性。中国农业现代化的地

① 中国现代化战略研究课题组，中国科学院中国现代化研究中心，何传启．中国现代化研究报告2012——农业现代化研究［M］．北京：北京大学出版社，2012.

区差异是非常明显的。首先是自然地理的差异；其次是农业区位的差异，例如不同地区的农业区划和农业定位的差别；其三是农业发展水平的地区差异等；其四是农业现代化的副作用主要是水土流失、农业资源和农业生态环境退化等（表2-7，表2-8）。

水洼村农业生产现代化表征调查资料（一）　表2-7

1. 种苹果：平均纯收益3200元/亩（不计劳动力价值）
　（1）收入：年均毛收益5000元/亩
　（2）付出：a. 税，需花费288元/亩
　　　　　　b. 浇地，需花费288元/亩
　　　　　　c. 肥料、农药，需花费648元/亩
　　　　　　d. 整枝、翻地、疏花，需花费360元/亩
　　　　　　e. 其他，需花费216元/亩
　付出合计：1800元

　说明：户与户之间差距较大，此为平均值。

2. 生猪养殖：平均一只生猪纯收益300元/半年
　（1）收入：平均一只生猪毛收益1710元
　（2）付出：a. 平均一只猪仔成本200~300元
　　　　　　b. 平均一只生猪饲料成本830元
　　　　　　c. 平均一只生猪防疫成本100元
　　　　　　d. 其他成本230元
　付出合计：1410元
　说明：生猪一年出栏两次，全村大多数农户养殖规模较小，养殖规模大的效益高一些。

资料来源：根据水洼村2009年调查资料整理

水洼村农业生产现代化表征调查资料（二）　表2-8

1. 基本田：一家种二三亩小麦地就够全年基本口粮。
　（1）麦子——1000斤/户，400斤左右/人
　（2）谷子——100~200斤/户
　（3）蔬菜——自己种植，到镇上卖

2. 田地产量：
　（1）玉米地：旱地，1000~1500斤/亩
　　　　　　水浇地，1500~2000斤/亩
　（2）麦　地：旱地，300~500斤/亩
　　　　　　水浇地，500~1000斤/亩
　（3）苹果地：上地肥少，3000~5000斤/亩
　　　　　　上地肥多，5000~8000斤/亩
　（4）麸　皮：100斤麦子有20~30斤麸皮，作为养殖业饲料

3. 苹果地肥料用量：
　（1）上地肥1次/年，几千斤~1万斤/亩，不等，和自家地肥拥有量多少有关
　（2）有机肥：根据肥料的肥质不同而异
　　　　　　6000斤/亩（最少情况），或1万~2万斤/亩，不等

续表

（3）农家肥：几乎没有使用 （4）沼　渣：有多少地上多少 （5）化　肥：500斤/亩 说明：户与户之间差距较大，此为平均值。 4. 粪便价钱： （1）猪粪，80元/t （2）鸡粪，110~120/t （3）羊粪，60~70元/t （4）牛粪，60~70元/t 5. 20世纪90年代前，村农业用地主要种植类型： （1）小麦 （2）玉米 （3）谷子 （4）棉花 （5）豆子

资料来源：根据水洼村2009年调查资料整理

从理论角度看，黄土沟壑区农业现代化，应该包括第一次农业现代化的推进，以及第二次农业现代化要素的引入、农业效率和农民收入的提高、农民福利和生活质量的改善、农业增加值比例和农业劳动力比例的下降、农业科技和农业制度的发展等。

从政策角度看，中国农业现代化的结果包括农业生产、农业经济、农业要素和农业形态的深刻变化，包括从传统农业向现代农业、从小农经济向市场经济、从个体农业向机械化和信息化农业的转变等。

2.4.2 基层村农业生产现代化引发的新形势

20世纪80年代中期以来开始的农业耕作方式革命已经基本完成，它对农业生产力提高的影响力已近尾声。而与此同时，新一轮农业变革已经悄然开始。概括起来，如果说上一轮农业变革主要是一次耕作方式的革命，那么新一轮农业变革将更是经营方式的变革。

由于农业劳动力大量向城市转移，有种植能力的农户通过土地流转提高种植规模，追求农业种植的规模效益。同时，饮食结构改变了农产品需求，新型经济作物占比越来越高的新型农业结构，逐步替代以粮食和传统经济作物为主的传统农业结构①。

以调查数据为基础进行计算，粮食作物和传统经济作物（均为大田作物）亩年均纯收入近千元，而新型经济作物亩年均纯收入为2400多元（尚未区分大田种植和精细型种植），后者是前者的2.5倍②。

集约化种植促进了黄土沟壑区土地整治，带来一定规模效益，可以更多使用机械，节省劳动力投入，剩余劳动力将进一步增多。有学者认为提高黄土沟壑区种植规模，提高的是劳动生产率，而不是土地生产率，小规模种植的土地生产率并不低于大规模种植。这种说法有道理，但不全面。因为由于劳动力大量转移，对于那些已经放弃种植业的家庭，土地流转给别的种植者自然比土地撂荒的土地生产率要高得多。

交通条件改善扩大了劳动生产辐射半径，农业生产机械化也是促进这一改变的因素。但在黄土沟壑区，很多地区可集中耕种土地规模有先天局限条件，而且大规模生产在管理方面难度很大，不容易保证劳动效率，并且很多作物种植也并非必须大规模生产，例如花椒等细作经济作物。相比于生产过程，黄土沟壑区农业生产现代化更需要经营过程（采购、销售、技术推广、信息获得、融资等）的规模化效益。

农业生产现代化促使黄土沟壑区传统聚落分布瓶颈不复存在。基层村人口流动与剩余劳动力外迁，打破了传统聚落的建筑生活系统。农业生产现代化促进了经济发展，外部资金在基层村投入比以前多很多，传统聚落分布的制约条件，如自然地理条件和出行条件等，不再是不可逾越的发展障碍。

2.4.3 基层村农业产业空间发展新趋势

中国城镇化的进程可以说是人类历史上最大规模的“工业革命”，不同于西方国家如英国以纺织业为主的工业革命，这是中国适应自身条件的农业现代化为主的发展。因为是农业现代化，这种工业革命必然也代表着农业革

---

① 种植作物分为粮食作物、传统经济作物、新型经济作物三类。传统经济作物指棉麻油糖等一般在大田种植的经济作物，新型经济作物指随城市化发展需求日益提高的蔬菜、瓜果、花卉、药材、园艺等经济作物。

② 中国社会科学院社会学研究所. 社会蓝皮书：2014年中国社会形势分析与预测［M］. 北京：社会科学文献出版社，2013.

命，农业产业空间变革是农业现代化的标志。

黄土沟壑区农业开发历史悠久，绝大部分优质土壤早已垦种，新中国成立后又历经数次大规模开垦，宜农后备土壤资源所剩无几，耕地资源扩量难度大。基层村农业产业空间发展新趋势包括以下几点：

黄土沟壑区农业的相对规模在缩小，绝对规模在扩大。对于黄土沟壑区农业生产发达程度居中和更落后的地区，还需要在很长时期内保留一家一户的经营方式。统计数据表明，近二十年以来，劳动力投入比例下降了约50%，农业用地比例和牧场面积比例提高了约50%，谷物用地比例下降了约30%，可耕地面积比例在波动。农业机械化和农业化肥投入增加，农业土地集约化变化不大。1980年以来森林覆盖率提高。2000年以来农业科技投入比例上升[①]。

黄土沟壑区农业的类聚化新趋势明显。农业对所处的自然物候有很大的依赖性和共生性，它的价值原本是自然呈现、顺势而为的。在此基础上，农业现代化产业空间的发展需求，促使黄土沟壑区出现农业专项种植带和养殖大区。例如洛川、白水、合阳地理带的苹果种植带，蒲城地理带的酥梨种植带，韩城、三门峡地理带的花椒种植带，以及青海高海拔浅山地区养殖大区等。

农业产业空间的新发展形式，改变了基层村的生产生活系统，不仅带动了新的生活方式，还可以将它变成一种商业模式和工作方式。黄土沟壑区农业看似继续生产很简单、接地气、几百上千年一直生产的农业产品，但它们在类聚化生产后，价值已经远远超过从前的传统农耕时代。

黄土沟壑区农业产业空间与沟壑区生态化发展保持一致。退耕地区农业产业发生质变，林业等生态大农业概念进入黄土沟壑区农业产业构成体系。根据坡度、坡向、土壤厚度调整的农业产业空间，更具有科学性和自然地理分区特征。

黄土沟壑区农业产业空间出现自然景观化新趋向。人为农耕生产空间格局与沟壑区自然大地景观趋于融合，为了基本生存而发生的人为农业破坏行为减少，黄土沟壑区自然景观成为区别于其他地域的独特资源，为基层村农

① 张立．论我国人口结构转变与城市化第二次转型[J]．城市规划，2009，10：35-39.

业产业注入了新的农业观光旅游元素，是黄土沟壑区农业产业空间可持续发展的激活因子。

2.4.4 从城乡一体化预测黄土沟壑区现代农业产业方向

毋庸置疑，城与乡本是一个完整的共同联系体，城乡一体化只是回归到这对关系原本应该呈现的自然状态。当“乡”仅被作为一个局部来寻找解决问题的方法时，消除、解决这些问题所用的方法，从整体系统看，可能是捅了大娄子。

实现城镇化的路径无论怎样设计，“乡下人”都不可能全部迁至城里居住；城镇化方案无论怎样致臻，“城市人”也不能自己亲自去种粮食。两者间的利益已经不能再次被人为分割了，更合理地利用资源，去满足老百姓实实在在的需求，这才是中国城乡本身一次更大规模的、更深程度的“一体化”。

黄土沟壑区在城乡一体化进程中急迫需要的不是创新而是回归。这种回归指的是对生态战略意义的积极回应。黄土沟壑区的农业现代化产业方向应该跟工业文明审慎地保持距离。以天然差异化的方式生产有竞争力的产品，是符合黄土沟壑区实际情况的农业产业升级方向。天然差异化就是黄土沟壑区自身具有的资源和禀赋。

黄土沟壑区现代农业产业已经进入下一个发展期，即人口越来越少，现代生产工具越来越多，效率越来越高。粮食也许不再需要生产这么多，生态草林业变成黄土沟壑区地域农业产业的主体，聚集在生态草林业中的人口需求量也下降。

大面积的林业和草场在坚持生态涵养功能优先的原则下，生态养殖业进行类似农业种植类的地区轮作养殖，并且逐渐替换当前的工业化集中养殖方式。例如，根据相关农业专家已经进行的试验，将鸡的集中养殖转换到牧区草场散养，这类小型家禽的生态破坏性小，可以不影响牧区草场的生态修复。再如，原本在牧区的大型家畜养殖转移到生态产业服务基地，适度散养与集中饲料喂养结合，丰富了生态产业服务基地的产业构成，减少了大型家畜饲养对应的单位土地面积，节约了土地资源，发展了生态型农业。

黄土沟壑区生态战略定位，为生态游憩业提供了一种新的发展方向。生态林不再仅仅局限于农业生产经济效益的单一价值。城里人到农村想看到什么，景观类林业和经济类林业就可以满足要求，参与支撑生态游憩业的综合发展。在城乡的互动、互补关系中，城里人逛郊野公园、看田野地景，休闲方式已发生了改变。

2.5 小结

本章从黄土沟壑区村镇体系新的变化与动向、基层村社会经济变异的实态与困惑、基层村人居环境的量变形势与问题、现代农业发展及其引发的新形势等方面展开分析研究，主要结论有如下几点：

其一，黄土沟壑区与全国其他地区类似，在其城乡人居环境“城—镇—村”结构体系中，城市以其绝对强势的吸引力使得人口不断增长；镇因其城乡二元特征，既有被城市吸引掉人口的一面，也存在着吸引乡村人口的一面，表现出动态不稳定性；乡村则因其绝对弱势的地位而始终处于人口持续衰减的态势之中。

其二，黄土沟壑区基层村的社会、经济均处于不断衰落的状态，突出表现为人口数量的衰减、优势人口的流失、农业经济的低效、社会组织的无力以及城乡势差引发的农民价值分异等方面。

其三，黄土沟壑区基层村人居环境呈现衰减与消解的趋势，突出表现为空废人居空间的不断增生、新建并存闲置、空间资源利用低效、文化遗产大量遭废弃或破坏、建设寿命远大于废弃时段等问题。

其四，现代农业发展为必然趋势，土地集约化与农业生产规模化要求传统农村对聚居布局体系作出调整；农业人口密度的减少是未来农村发展的基本形势，顺应这一形势才是基本出路。

3 黄土沟壑区基层村发展的特征与消解的规律

“事实上，在现代社会中，农业的形式和农村居民之间的关系都非常复杂，因此一个作者从任何研究著作中信手拈来一些根据和事实以‘印证’自己的观点，是最容易不过的事情。”[①]

通常而言，描述性研究是一种基础性的研究，旨在了解事物现实状况，这是本书在第二章里试图进行的工作。解释性研究则是基于社会事实的进一步加工和提纯，旨在发现社会事实背后的内在逻辑和运行规律。这是本章需要进行的研究工作。

3.1 城镇化进程中黄土沟壑区基层村的发展特征

数量众多的基层村是中国城镇村体系的最基础部分，聚集了人口总量中比例最大的那一部分人口。看似没有规律的每个基层村的自在发展，却成为城镇化进程中发展状态最多变、最难控制的难点所在。

黄土沟壑区基层村自身分布状态比较多样，加之地理生境的本底差异和发展面临的不同境地，基层村的发展表象比其他地区更有独特性。类型分异是黄土沟壑区基层村的发展特征之一，区位、交通、教育资源、地形地貌（沟、平地）等不同，造成基层村发展命运也不同。

为了从整体上认识它们，本节将从黄土沟壑区基层村的生态战略发展、现代农业发展和乡土文化资源发展三大类型对其进行归结，从中看出它们在城镇化进程中发展的基本特征和主要趋势。

---

① 焦峰，温仲明，李锐. 黄土高原退耕还林（草）环境效应分析[J]. 水土保持研究，2005，1：17-23.

3.1.1 城镇化进程中基层村发展的类型分异

传统农业时代，只要处于同一地域范围内，村子除了地理位置条件、人口多少、耕地大小的区别，其他类似地里种什么、怎样种、怎样收，家里吃什么、住什么、怎样盖房、怎样生活等，这些方面几乎没什么不同。

基层村被分类，是城镇化进程中出现的新需求。这个新需求没有被看成是从村子自身体系中生长出来的要求，而是成为单单从外部看村子的一种需要。传统村落原本是封闭的、自循环的发展系统，自给自足，不受外力影响。城镇化和农业现代化促使传统村落转型为一种开放的、社会化的发展系统，将资金、政策、现代农业技术等外部力量，加入到决定村落发展命运的既有因素之中。基层村分类的实质，是希望预测出发展趋势，这样可以考虑在未来十年或更长久的时间里，我们应该做什么；哪些事在基层村做了值得，哪些是浪费；同时，可以告诉规划界，像现在这样作规划是背离基层村发展趋势的，应该以其他方式做规划。

举个例子，原本一条沟壑里分散的、状况几乎相同的A、B、C等几个相邻的村子，忽然有一天A村因位于沟壑地质最差的地段，政府决定对其进行移民搬迁；B村在沟壑条件好的地段，有一条小河穿村而过。B村村支书很有能力，组织村民种了几年大棚蔬菜，经济效益不错，有了一定影响力，于是B村被定为农业发展示范村，额外得到政府相关政策下的经济补助和市场宣传，更加促进了B村的发展。

C村一部分地被划在退耕还林还草范围内，其他条件不差于B村，但是一直以来，村里每家各行其是，有能力人的先走了，而村里留下来的人，守着不动的土地和渐渐增多的空置宅院，未来是怎样的情况，没人能说清楚。当然还有D村，等等。这种状态在沟壑区大同小异。

从本质上讲，对基层村分类，目的是找到基层村各自不同的、先天赋予的特定资源条件，再结合外部影响，发展出独特的竞争策略，即遵循一种独特的可持续发展模式。资源禀赋不一样，发展进取的路径当然会不一样。

表3-1是澄城县对县域村庄的分类和等级划分，是一种典型的只从外部看基层村的方法。**澄城县县域村庄布局规划，根据村庄与城市的发展关系、**

村庄的发展特点等因素，将现状村庄划分为三个大类：城镇化型、改造完善型、合并共建型[①]。可以看出，村子进行分类的依据与自有本底资源无关，分类目的不清晰，基层村发展与其规划类型基本没有什么关联，更没有可持续的指导意义。

澄城县行政村村庄类型与村庄等级归类表　表3-1

名称	行政村	农村总人口（人）			村庄规划类型	村庄规划等级
		现状	至2015年	至2025年		
安里乡	义南村	1172	1070	830	改造完善型	基层村
	高槐村	1588	1450	1130	改造完善型	重点发展村
	翟卓村	2943	2090	1610	城镇化型（翟卓村、东富庄村并入）	安里居委会
	张卓村	2312	2170	1710	改造完善型	重点发展村
	三门村	746	680	530	改造完善型	基层村
	西富庄村	1834	1740	1360	改造完善型	重点发展村
	义合村	1716	1620	1270	改造完善型	中心村
	石家庄村	731	640	520	改造完善型	重点发展村
	程家洼村	1468	1380	1090	改造完善型	重点发展村
	义井庄村	1318	1210	950	改造完善型	重点发展村
	刘卓村	1120	1040	810	改造完善型	重点发展村
	义井村	1832	1720	1360	改造完善型	中心村
	段庄村	2517	2340	1840	改造完善型（南尧村并入）	中心村
	郊城堡村	2438	2220	1750	合并新建型（光录村并入）	中心村
	柳家垣村	487	420	340	迁移新建型	基层村
	翟家庄村	565	520	400	改造完善型	重点发展村
	小计	23497	21700	17100		

资料来源：根据《澄城县县域村庄布局规划》数据资料整理

基层村分类以人口规模划分不再可取，因为今天基层村人口规模与事实

① 以下是《澄城县县域村庄布局规划》文本中给出的类型定义。
城镇化型：因其所处位置，并具有良好发展条件，逐步纳入城市范围内的村庄。
改造完善型：在远期规划内不需要搬迁，属于行政保留村庄，基本具有各种发展条件，可以继续建设完善的村庄。以改善居住环境，完善配套设施为主。
合并共建型：发展基础差，规模小（人口在700人以下）的村庄向临近的规模较大，经济发展良好，配备各类基础设施的村庄合并；或者地理位置相近的几个村庄，具有共同发展的条件和趋势，可以相互合并，共同建设，以产生最优的集约效应。

状态是最难说清楚的事情。一切皆因基层村人口一直处于变化中，并且这种变化的幅度和频率已经达到不能被忽视的程度。土地是基层村自有资源中不变的条件。如果没有行政干预，不管村里人口怎样流动和变化，作为生产要素的土地始终处在一个固定的数量和状态。

按照是否有耕地条件、是否适宜农业生产、是否拥有历史遗存三个条件，黄土沟壑区基层村可以分为四类（表3-2）：现代农业发展型、生态发展型、旅游发展型、复合发展型。

基层村发展类型分类条件对照表 表3-2

历史遗存	有耕地条件		无耕地条件	
	适宜农业	不适宜农业	适宜农业	不适宜农业
完整	复合发展型（旅游+传统农业+现代农业）	复合发展型（旅游+传统农业）	旅游发展型	复合发展型（生态+旅游）
不完整	复合发展型（现代农业+旅游）	复合发展型（生态+旅游）	生态发展型	生态发展型
零散	现代农业发展型	生态发展型	生态发展型	生态发展型

资料来源：笔者自绘

3.1.2 黄土沟壑区基层村发展的基本特征

1. 现代农业发展型基层村

现代农业发展型基层村通常分布在黄土沟壑区的农业腹地，一般沿河流流域分布，地势较平坦，具备灌溉条件，耕地比较集中，是黄土沟壑区的优势农业空间地区，具备现代农业发展的基本优势条件。

该类型基层村往往属于传统农业发达的村庄，人口密度大，外出务工人员多，农业现代化程度高，土地集约程度高，单位土地经济效益好，仍保持一定的优势农业劳动力从事机械化农业生产，是新型农村社区的基本集约化地区。

该类型村庄一般呈现以下产业特征：其一，种养结合型较多，即发展种植业（多为果业）和畜牧养殖业相结合，形成较高的经济效益，但当前通常规模不大，家庭农场数量过少；其二，土地使用决定权仍在各承包户手中，由各户雇用专业耕作人耕作，没有真正意义上的集约化生产经营；其三，适合规模化农业生产，剩余劳动力及剩余人口比例大；其四，现有村庄人居环境再利用的可能性较大，重构的空间形态可以相对分散。

2. 生态发展型基层村

生态发展型基层村通常分布在黄土沟壑区的沟壑中，一般地势坡度较大，梯田较多，不具备灌溉条件，耕地地块小且比较分散，不适宜农业耕作，具备生态林业和牧草业发展的基本优势条件。

该类型基层村往往属于退耕还林还草的生态发展区，人口密度较小，外出务工人员多，现代化农业很难发展，单位土地经济效益差，无法开展机械化农业生产，是农民迁出的主要地区。

该类型村庄一般呈现以下产业特征：其一，发展生态林业与牧草业，兼容规模化畜牧养殖业，以国家生态补贴寻求与农业之间的经济平衡，以养殖业增加经济效益；其二，土地集约化程度较高，人口流失比例很大；其三，适合发展规模化养殖业，无适宜人口居住的条件；其四，现有村庄人居环境空废程度很高。

3. 旅游发展型基层村

旅游发展型基层村较少，一般具有独特的自然、历史、文化或区位资源条件，其种植业、生态林业、养殖业、经济林业往往全面发展，但一般均考虑景观或特色的附加值。

该类型基层村往往突出农家乐产业，以对外旅游服务第三产业作为收入主体，优势人口外流较少，多元产业配套旅游发展的特征明显，持续发展空间较大。

该类型村庄一般呈现出以下产业特征：其一，旅游服务业为主导产业，农业转型较深化，规模化与传统有机农业共存；其二，土地集约化程度较低，人口流失比例较小；其三，有支撑人口居住的条件，有大量外来流动人口当量；其四，现有村庄人居环境建设发展积极性很高，但层次较低。

3.2 黄土沟壑区基层村消解的概念

中国与西方发达国家的差距并不体现在城市，而是集中体现在农村。中国城市与农村的差距并不体现在经济发达的地区，而是集中体现在以黄土沟壑区为代表的、区位远离城市化发展中心、资源条件普通无奇甚至欠缺，经济发展一般甚至落后的广大农村腹地。从差距的存在中截取一个部分作为研究对象，并探索它的属性——消解，是本节的核心内容。

3.2.1 基层村发展的影响要素

要素指构成事物必不可少的因素[①]。影响基层村发展的要素，一些是由基层村生产生活生态系统内部产生和决定的，同时也对生产生活生态系统产生影响。经过千百年的演变和进化，影响基层村发展的基本要素离不开这三个：一是人口资源，二是土地资源，三是水资源。

人口和土地发展要素具有两个特征：其一，它们都是显性的要素，占有地理上的物质空间；其二，它们的变化都是可以观察到的，例如人口的增减、土地的耕种与抛荒等。

影响基层村发展的要素还包括：劳动生产力、人—地关系、地理区位、交通条件、气候、适生农产品的市场价值、旅游资源、基础设施建设水平等。

3.2.2 基层村消解的影响要素

基层村消解的影响要素主要包括：城乡势差和农业现代化。

1. 城乡势差

城乡势差是城镇化的主要动力因素，也是基层村消解的主导因素。所谓城乡势差，是指城市在工作条件、生活水平、经济收入、社会服务、发展平台等方面，比农村具有巨大优势，由此引发农村优势人口不断向城市转移，基层村作为城镇村体系的末端，这种势差更加突出，基本呈现单边倒的状态，所以基层村消解的首位要素便是城乡势差。

2. 农业现代化

近代农业指由手工工具和畜力农具向机械化农具转变、由劳动者直接经

---

① 中国大百科全书（精粹本）[M]. 北京：中国大百科全书出版社，2002.

验向近代科学技术转变、由自给自足的生产向商品化生产转变的农业。现代农业指广泛应用现代科学技术、现代工业提供的生产资料和现代生产管理方法的社会化农业。从发达国家的近代农业向现代农业的转变过程看，实现农业现代化的过程包括两方面主要内容：一是农业生产的物质条件和技术的现代化，利用先进的科学技术和生产要素装备农业，实现农业生产机械化、电气化、信息化、生物化和化学化；二是农业组织管理的现代化，实现农业生产专业化、社会化、规模化、集约化和企业化①。由此可见，当前中国由近代农业生产方式向现代农业生产方式的全面快速转型，不是累积性的量变，而是结构性的质变。

现代农业使得农业生产力水平大幅提高，大量劳动力得到解放，出现大量剩余劳动力，为基层村人口数量的消减提供了基本条件，所以农业现代化是基层村消解的根本影响要素。

由于近代农业生产方式下中国农村劳动力从事农业生产绩效低下的原因，城乡劳动力人均劳动收入出现巨大势差，导致农村劳动力人口的全面流失，从而引发农村的衰落，进而衍生农业的衰落、粮食与生态安全危机。

3.2.3 基层村消解的本质——消解与发展的基本关系

基层村消解与发展的基本关系表现在五个方面：时间性关系、空间性关系、规模性关系、经济性关系、政策性关系。

1. 时间性关系

1）消解与发展具有周期性

消解与发展的作用关系存在一个时间长度，即基层村消解是有一个消解期存在的。这个消解期的时间有多长，应该是一个学界的难题。可以确定的是，基层村虽然处在消解期，其实也还在发展，两者是共存共生关系，而不是说要么发展，要么消解的二选一模式。

2）消解与发展具有因果性

基层村处于不同消解时期，发展与消解互为因果，消解自身会加速消

① 世界环境与发展委员会. 我们共同的未来[M]. 王之佳，柯金良译. 吉林：吉林人民出版社，1997.

解。基层村谋求发展是引起消解开始的原动力，消解本意是为了支持发展，而且早期的消解确实促进了发展。当消解不可控制时，消解除了会加速消解之外，还转换为阻碍发展的原动力。

以调查研究的灵泉村为例，据村里人讲，20世纪80年代，地承包到每家之后，村里发展其实稳定了十来年，大家都种地，哪家都是起早贪黑地干，各家每年经济收入都好转很多，差异仅在于农民个体种地能力以及承包耕地地力的好坏，灵泉村在当时甚至还是一个模范村。

到90年代初期，村里脑子最灵光的赵家人，听到远亲提起到大城市打工挣钱多，加上家里种地不缺人手，想经济收入上再多一些，男主人就离村外出打工去了。村里人谋求更大发展之后，每年村里凡是家里种地人手够的农户，差不多都有人借各种机会离村去挣钱。而每年外面寄回家的打工钱，让灵泉村很多家都重新翻盖房子院落。经济发展让在村里常住的人明显减少，尤其是青壮年人。虽然建筑生活空间也有相应发展，不过村里很多有保护价值的宋代老院子，也是这个阶段毁掉的。

再后来，从2000年开始，以赵家为代表的村里混得好的一些人家，开始全家老少一齐离开村子。离村人口形成一种带动与令人追随的趋势，随之是基层村常住人口规模再次减小，再后来引起了院落家庭生活的衰微，以及村落公共生活几乎彻底消失。村子人越走越少，院落越空越多，外面回来的村里人觉得村里待不成了，留在村里的人也觉得村里留不住了，所以是发展促成消解。这时消解已经达到不可控制的态势，消解除了会加速消解自身之外，还转换为阻碍发展的原动力，因为灵泉村的农业生产几乎比20世纪80年代的农业生产效益状态还要差。

3）消解与再消解

即便现阶段集约新发展的基层村，也不一定没有再消解的过程。西安咸阳新机场旁边的新大石头村，因机场占地建设，2009年从原来老村搬迁来300多户，家家盖了新房。但今天也不一定家家有人住，有些原住民已经不住在这里了，有些开始卖房，有些向外租房。大石头新村虽然盖了新房子，但不一定是原盖房人或其后代继续住。新村的人居环境也会再次消解。

2. 空间性关系

空间性关系指不同地域、不同区位、不同生境条件下，消解与发展的主导性不同。

3. 规模性关系

消解与基层村规模、人口和耕地多少亦有关联。800人的村子和300人的村子，对消解的承受度就不同。一般耕地少的，人口规模自然就少，这是传统农业人居环境选择的结果。

4. 经济选择性关系

经济发展差的基层村先开始消解，为生计人离开得早。县域调查中，经济好的镇乡，外出打工的人少有经济发展差的，打工钱寄回村里，可以改善基本生活水平。

5. 政策选择性关系

政策干预是一种外力，它可以延迟消解，也可以加速消解，例如政策性搬迁、政策性移民、政策性集聚等。

3.2.4 基层村消解的概念

所谓基层村消解，指中国城镇化进程中，在城乡势差与农业现代化影响下，基层村优势人口不断向城市转移，农村建筑生活系统不断消解，逐步向现代农业转型发展的过程。

基层村消解一般分为三个阶段：

1. 前期：以优势人口流失为主要特征，以实现家庭经济收入为主要目的，表现为离土不离乡。

2. 中期：以家庭迁移为主要特征，以实现家庭根本发展为主要目的，表现为以家庭为基本单元的离土离乡。

3. 后期：以村落社会生活解体为主要特征，以满足家庭基本生存条件为主要目的，表现为被动的离土离乡。

基层村消解特征见表3-3。

基层村消解类型特征表　表3-3

类型	突变式消解	资源唯一性消解	自弃式消解	自生式消解		
				农业型	生态型	旅游型
消解动力	外力强制式	外力保护式	外力淘汰式	外力牵引，内力推动		
消解原因	地质灾害、煤矿采空、地震之后搬迁、国家征地建工厂、生态移民、大型区域基础设施搬迁、交通设施建设搬迁、城市建设用地扩张	国家级、国际级，自然、历史文化遗产资源的开发与保护	地理位置极度偏远、生境条件极度不适宜、极端地形地貌等	城镇化、农业生产方式革命、现代农业的发展		

资料来源：笔者自绘

3.3 黄土沟壑区基层村消解的基本规律

3.3.1 “主体”快于“载体”

1. “主体”快于“载体”

基层村的“主体”是社会，建筑生活系统是主体的“载体”。主体容易改变，载体不易改变。主体决定载体，载体反作用于主体。

基层村消解首先是基层村“主体”社会的消解。自然生态系统的基础没有量变，农业生产系统发展，建筑生活系统消解。建筑生活系统中，人是主体，建筑环境是载体。

2. “生产发展”快于“生活消解”

传统农业生产包括耕地、播种和收获，并周而复始。农业生产周期按照作物的自然成熟时间计算，即使充满智慧的传统农业轮作或间作方式也是如此。例如，水洼村建设养猪场的生产型建筑很快，农田种植作物类型的转变也很快。说种苹果，明年就开始种植。种麦田可以转为种果树，只要有土地，一年就可以完成转换。

基层村的发展主要是生产的发展，生活、人居环境这部分是消解的。所以建筑生活系统在消解。生活系统的消解缓慢，不像生产系统发展的速度那样快，只要想转就能转——需要复耕，马上就能种田；今年种玉米，明年种葡萄，这个转变非常快。所以农业发展规划期限规定，一般只有3~5年。而城市的发展规划，则需要几十年发展累积，总体规划编制期限为20年。

3. “建设发展”快于“消解发展”

建设发展可以通过资金快速启动完成，消解发展则涉及不同个体的差异化利益，难以统筹。建设具有计划性，消解具有无序性；建设目的明确，消解随机偶然，所以建设发展往往快于消解发展。

3.3.2 基层村人口消解的基本规律

农民离开农村，是个人追求较高收入的需要，也是国家城镇化所要求的。

调查发现，基层村人口消解呈现以下几个基本规律：

1. 劳动力人口首先离开

最先离开的人群一般都是强壮劳动力，是村中具有才干、头脑灵活、适应力强的男性，是基层村农业生产和社会生活的骨干力量。

2. 高文化程度人口彻底离开

通过读书离开基层村的人口，受教育程度越高，离开得越彻底。读小学的孩子，可能在本村，也可能走读到就近其他村的小学。初中开始，包括所有读高中的孩子，基本都是寄宿方式，放寒暑假回到村里住。进入技校、三本大学以上接受教育的年轻人，与原生村落脱离关系，进入城市工作生活。

3. 外出人员回流

一是外出打工的村民，当年纪大了，不再被雇工市场接受，回村种地养老；二是回到村里从事农业生产，至少能获得与外出打工基本一样的经济收入，并重返农业生产。

4. 城乡两栖流动

一种是村里在城镇和村上之间进行商贸物流交易的人；一种是老人、小孩在镇上上学生活，而家庭经济收入来自村里的核心家庭夫妇；一种是季节性打工在外，一年在村里住几个月的人；一种是子女在城镇稳定生活的老人，一年可能进城住几个月，回村住几个月。

通过对表3-4和表3-5的调查资料进行分析，可以看出表中描述的人家，是基层村人口流动社会现象的典型。水洼村以“张”姓为主，为了方便研究，表中典型村民人物以张为姓，依次排序。

水洼村村民生活流动方式调查资料（一）　表3-4

方式一：张老大家，村上最会做生意的人家。先走的一户人家。

（1）家庭人员构成：张老大夫妇，20世纪50年代生人；1个儿子，1个女儿。
（2）离村时间：改革开放初期，张老大离村时近30岁。举家离村时间为2000年。
（3）离村方式：张老大进城里打工，后来自己做生意当老板，赚钱后一家人离村进城买房长住，村里自家宅院翻盖两次，现在委托邻居照看。

方式二：张老二家，村里读书最好的人家。

（1）家庭人员构成：张老二夫妇，20世纪40年代生人；2个儿子，1个女儿。
（2）离村时间：20世纪80年代初开始。三个子女陆续考上大学。
（3）离村方式：3个子女各自留城工作。7年前张老二夫妇被子女接走进城常住。村里自家老宅院前年卖给外村人，新盖一个宅院，现在委托侄子照看。

方式三：张老三家，村上最会种地的人家。

（1）家庭人员构成：张老三夫妇，20世纪50年代后期生人；1个儿子，1个女儿。
（2）生活方式：子女离村打工。张老三夫妇地种得好，目前留在村里种地，农闲时还收周围各村的农产品到镇上卖。
（3）离村方式：基本在村里常住。12年前在原宅基地上翻盖自家老宅院，给子女留了屋子，供其打工回来时住。

方式四：张老四家，村里种地最多的人家。

（1）家庭人员构成：张老四夫妇，20世纪60年代中期生人；2个女儿。
（2）生活方式：1个女儿嫁人，1个女儿读书。张老四夫妇把周围四邻不种的地租来种上，农忙时雇帮工，年底返还新打粮食或钱给租家。因收入增加，张老四夫妇留在村里待下来了。
（3）离村方式：基本在村里常住。11年前在新宅基地上新盖宅院，留客房给女儿回村时住。

方式五：张老五家，村上无儿无女的人家。

（1）家庭人员构成：张老五一个人，20世纪40年代末生人，身体有点问题。
（2）生活方式：地里的粮食、菜够自己吃，国家按照政策给发生活补助。
（3）离村方式：留在村里常住。父母的老宅院留给了他，2006年新农村建设时，找人帮忙用补助翻盖了两间正房。

资料来源：根据水洼村2009年调研数据整理

水洼村村民生活流动方式调查资料（二）　表3-5

方式六：张老六家，村里宅院周围邻里都走了的人家。

（1）家庭人员构成：张老六夫妇，20世纪50年代末生人；2个儿子。
（2）生活方式：1个儿子在县上开小商店，1个读书留在城里。老实人种地，会一点泥瓦技术，本村或邻村有人找，帮忙盖房。生活收入达到村里的中等水平。
（3）离村方式：张老六本来有条件继续留在村里，可以不走或晚走，但自家宅院周围的房子太荒凉破败，想待在村里，但因居住环境待不住，不得不走。

续表

方式七：张老七家，村里最早走的一户人家。
（1）家庭人员构成：张老七夫妇，20世纪50年代末生人；有父母，20世纪40年代初生人；2个儿子，1个女儿。 （2）离村时间：20世纪80年代中期，张老七离村进城打工。 （3）离村方式：张老七进城打工，后来接走媳妇，夫妇一起开小餐馆。接着接走小儿子，再陆续接走其他子女。老人在张老七家新盖宅院住，自己的老宅院锁着不住。
方式八：张老八家，村上跑运输的一户人家。
（1）家庭人员构成：张老八夫妇，20世纪40年代初生人；3个儿子，1个女儿。 （2）离村时间：20世纪90年代初，大儿子开始城乡之间两头跑运输、做生意等。 （3）离村方式：大儿子先跑运输，陆续带两个弟弟一起做生意。各家都盖了新宅院，老人的宅院也翻修过。家属陆续进城生活，但三个儿子还经常回到村里。老人还在村里住，帮忙照看三家的房子。
方式九：张老九家，村上外出打工后，又回来种地的一户人家。
（1）家庭人员构成：张老九夫妇，20世纪60年代后期生人；有父母，1个儿子。 （2）离开返回时间：张老九20世纪90年代初外出打工，2002年回村开始种地，后来种苹果，再后来种有机苹果，现在是“苹果+养猪”复合农户。 （3）离村方式：张老九儿子在县城上高中，在县城租房，张老九的父母陪读。张老九在村上常住，媳妇县城村里两边住。
方式十：何老大家，住在村上的外村人家。
（1）家庭人员构成：何老大夫妇，20世纪50年代后期生人；1个孙子。 （2）生活方式：子女在城里打工，孙子为上小学来到水洼村。何老大夫妇陪孙子读书，生活费子女给，租了村上一户空置宅院的两间房。 （3）离村方式：开学在村上常住，放假回自己村里。

资料来源：根据水洼村2009年调研数据整理

3.3.3 基层村建筑生活空间消解的基本规律

建筑生活空间包括居住空间、公共空间、道路交通空间等，从图3-1、表3-6可以看出，它的消解规律包括以下几点：

1. 破碎斑块，不完整，不成片

空置与废弃宅院随机出现，通过宅院面积，宅基地形态、位置的组合，呈现大小各异的空废斑块，分散布局在居住空间，破碎、不完整、不成片。

2. 废弃元素与资源元素交织

废弃宅院里的建筑是废弃元素，而空置的院落却可以成为一种空间资源加以利用，废弃建筑也可以再区分为可利用资源与不可循环再利用资源，所以斑块内部废弃元素与资源元素交织并存。

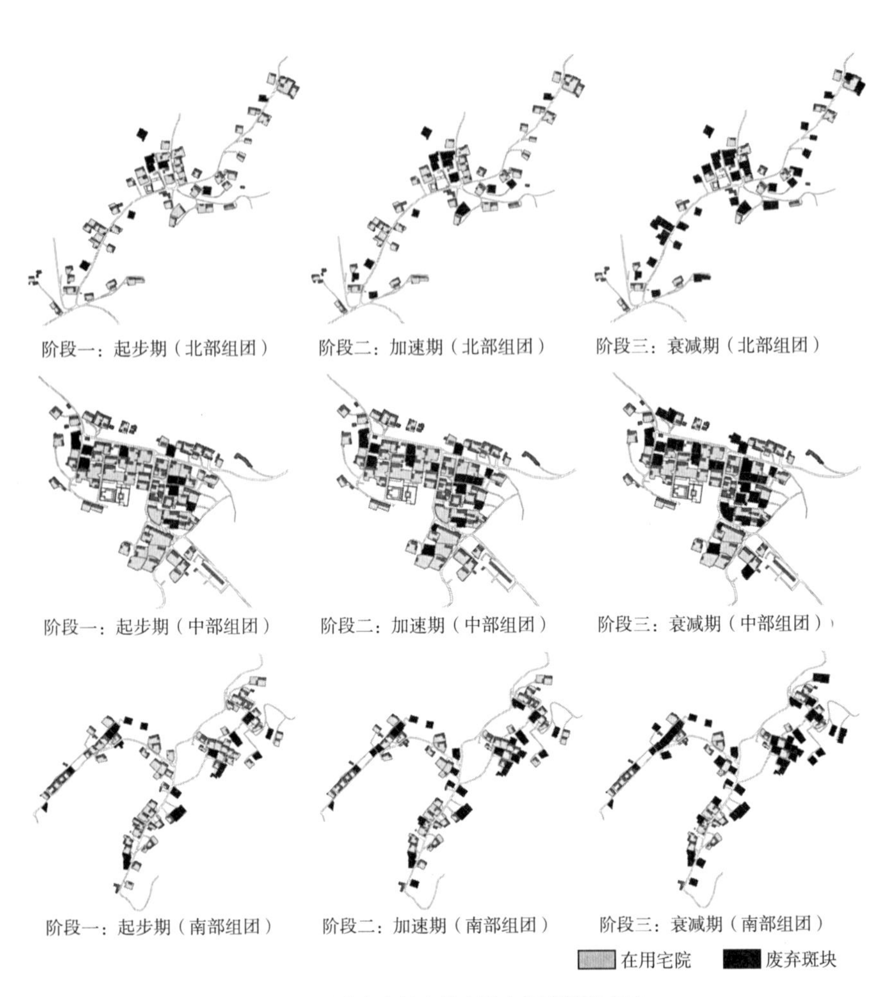

图3-1 洪水泉村建筑生活空间消解演变图

资料来源：笔者自绘

洪水泉村建筑生活空间消解量化数据测算表　　表3-6

		起步期（2005年）	加速期（2010年）	衰减期（2013年）
北部组团	斑块数量（个）	6	10	13
	斑块密度	16%	27%	59%
中部组团	斑块数量（个）	6	10	12
	斑块密度	14%	20%	35%
南部组团	斑块数量（个）	13	15	18
	斑块密度	17%	32%	57%
村落整体	斑块数量（个）	25	35	43
	斑块密度	16%	26%	50%

资料来源：根据洪水泉村2010年调研数据整理

3.4 基层村消解的量化分析

3.4.1 基层村消解的可量化分析因素

基层村处在消解中，土地空间一定会存在某种程度的空置和废弃。当空置和废弃的存在在空间上超过一定的度量时，基层村的消解程度开始产生质的变异，所以认识基层村消解必须进行定量分析与研究。基于此，本书结合实际调查与实际空间图形进行抽象研究，总结提出可以辅助判断基层村消解的基本量化指标，主要包括以下几点。

1. 基层村空费率

空废率是指通过用地面积的量化统计来呈现基层村同类、相近或同一系统中用地的废弃程度，空费率可以再分项细化，更准确地表现消解的整体状态。空费率是基层村消解最直观的量化指标。基层村土地空间中废弃、常年闲置、未利用的各种建设用地数量占基层村建设总用地的百分比率，见如下公式：

$$E=\sum A_{\mathrm{E}} / \sum A \times 100\%$$

其中：

$\sum A_{\mathrm{E}}$代表基层村建设总用地上废弃、常年闲置、未利用的各种建设用地数量的总和；

$\sum A$代表基层村建设总用地；

E 代表用地空废率。

E值越大，基层村消解程度越强。

公式用于某个单项用地空废率时为：

$$\sum A_{\mathrm{E}} = \sum A_{\mathrm{E}}r+\sum A_{\mathrm{E}}t+\sum A_{\mathrm{E}}f+\sum A_{\mathrm{E}}c+\sum A_{\mathrm{E}}s$$

其中：

$\sum A_{\mathrm{E}}r$代表聚落中废弃、常年闲置、未利用的居住建设用地数量；

$\sum A_{\mathrm{E}}t$代表聚落中废弃、常年闲置、未利用的道路交通设施建设用地数量；

$\sum A_{\mathrm{E}}f$代表聚落中废弃、常年闲置、未利用的工业生产建设用地数量；

$\sum A_{\mathrm{E}}c$代表聚落中废弃、常年闲置、未利用的公建建设用地数量；

$\sum A_{E}s$代表聚落中废弃、常年闲置、未利用的农业生产设施建设用地数量；

与E同理，Ar代表居住用地空废率$Ar=\sum A_{E}r/\sum A_{E}\times 100\%$

At代表道路用地空废率$At=\sum Rdt/\sum Rt\times 100\%$

Af代表工业用地空废率$Af=\sum Rdf/\sum Rf\times 100\%$

Ac代表公建用地空废率$Ac=\sum Rdc/\sum Rc\times 100\%$

As代表农设用地空废率$As=\sum Rds/\sum Rs\times 100\%$

2. 基层村人口迁移率

基层村在一定周期内（以年为单位），村民长期外迁和永久外迁的人口数量与村民人口总数量的百分比率。见下公式：

$$Q=\sum P_{O}/\sum P\times 100\%$$

其中，$\sum P_{O}$代表长期和永久外迁的人口数量；

$\sum P$代表基层村人口总数量；

Q代表人口迁移率；

Q值越大，基层村消解程度越逼近消解极限状态，通常代表第一阶段的消解状态。

3. 户迁移率

本书提出了户迁移率的概念。基层村在第一阶段消解，主要特征是劳动力年龄人口离村外出劳动。当基层村在第二阶段消解时，主要特征转变为以户为离村单位外出生活。

$$H=\sum F_{O}/\sum F\times 100\%$$

其中，$\sum F_{O}$代表长期和彻底外迁的总户数；

$\sum F$代表基层村人口总数量；

H代表户迁移率；

H值越大，基层村消解程度处在消解第二阶段的时间越久，理论上也越接近消解的极限状态。

4. 年户迁移率

如果年户迁移率高，则说明基层村处在消解第二阶段的活跃期，连续几年的年户迁移率高频率，则代表是基层村人口外迁的高峰期。

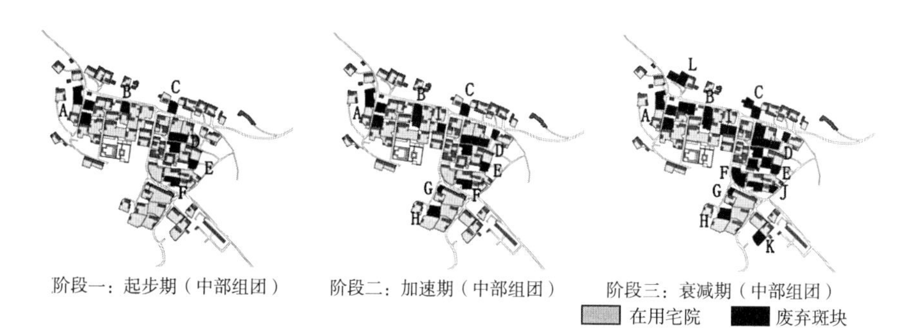

图3-2 洪水泉村中部组团建筑生活空间破碎度量化分析图

资料来源：根据洪水泉村2010年调研数据整理，笔者自绘

5. 生活空间破碎度

生活空间破碎度=∑废弃宅-地地块数/∑村落建设用地

生活空间破碎度越高，说明基层村消解的程度越高。

图3-2、表3-7和表3-8示范了基层村空间破碎度分析方法。

洪水泉村中部组团建筑生活空间破碎度量化分析表（一） 表3-7

斑块编号	起步期（2005年）		加速期（2010年）		衰减期（2013年）	
	斑块面积	包含户数	斑块面积	包含户数	斑块面积	包含户数
A	1822 m^2	3户	1822 m^2	3户	2726 m^2	6户
B	446m^2	1户	956 m^2	2户	956 m^2	2户
C	476 m^2	1户	476 m^2	1户	907 m^2	2户
D	1285 m^2	3户	1496 m^2	4户	2096 m^2	5户
E	406 m^2	1户	406 m^2	1户	1913 m^2	4户
F	544 m^2	1户	544 m^2	1户	1501 m^2	2户
G	—	—	161 m^2	1户	161 m^2	1户
H	—	—	653 m^2	1户	653 m^2	1户
I	—	—	327 m^2	1户	670 m^2	2户
J	—	—	—	—	242 m^2	1户
K	—	—	—	—	582 m^2	1户
L	—	—	—	—	916 m^2	2户

资料来源：根据洪水泉村2010年调研数据整理

洪水泉村中部组团建筑生活空间破碎度量化分析表（二）　表3-8

总户数	宅基地面积		院落面积		农宅建筑总面积	
	总面积	户均面积	总面积	户均面积	总面积	户均面积
321户	276252 m²	861 m²	237518 m²	740 m²	38734 m²	121 m²

资料来源：根据洪水泉村2010年调研数据整理

6. 生产空间细碎度

生产空间细碎度=∑田块数/∑农地

生产空间细碎度是反映黄土沟壑区特殊地形特色的空间量化指标。生产空间细碎度越高，说明基层村村域所在的地形地貌越复杂，高程差异越大。结合单位田块的面积大小，可以初步判断基层村农业生产的自然条件。

7. 集体活动公共空间弃废率

集体活动公共空间弃废率=∑废弃、改用、被占用的集体活动公共空间/∑村落建设用地

集体活动公共空间指村头、水塘、涝池、戏台、晒谷场、公共水井、庙、老树下、小河等基层村特有的社会生活公共空间。这项指标越高，代表基层村社会结构越接近质变状态，基层村生活体系消解越严重。

8. 公共建筑弃废率

公共建筑弃废率指公共建筑空闲与废弃的房屋建筑面积占村总建筑面积的百分比。

3.4.2 人口消解的量化分析

传统农耕时代，基层村处于相对封闭的人口均衡状态，没有本书研究的消解状态。物理学的均衡理念，一是指物体的静止状态，或者是指物体进入了有规律的动态，显然上文说的传统村落人口均衡状态属于后一种情况。此时基层村人口数量的变化与耕地多少、农业生产方式与技术水平，以及人口的自然增长率关系密切，而且在一定时间期间内，这种变量本身是基本一致的。

通常规划对人口的分析，比较偏重于人口规模是怎样决定出来的。但是

对于消解期的基层村，人口规模决定了什么，远比人口规模是怎样决定的重要，因为我们没有能力准确说清楚基层村的人口规模。

以澄城县韦庄镇人口消解研究为例，表3-9中2003年、2005年、2009年的人口数据，来自澄城县统计部门当年的调查数据。本节研究根据2003年、2005年、2009年现实数据，按照现行规划编制技术要求，对2013年人口规模进行预测，模拟测算方法如下：

依据《镇规划标准》（GB 50188—2007）3.5规划人口预测：

镇域总人口应为其行政地域内常住人口，常住人口应为户籍、寄住人口数之和，其发展预测宜按下式计算：

$$Q=Q_0（1+K）^n+P$$

式中Q——总人口预测数(人)；

Q_0——总人口现状数（人）；

K——规划期内人口的自然增长率（%）；

P——规划期内人口的机械增长数（人）；

n——规划期限（年）。

选取西南村为例，进行人口预测估算：

1）如果以2003年人口作为估算的现状人口，则Q_0=1108（人）；

2）以韦庄镇近十年人口自然增长率年平均值计，K= 8.07‰；

3）按照2003~2009年计，西南村人口总数没有增加，而是减少，为1108-810=298人，所以公式中“规划期内人口的机械增长数”应该为负数，即P应为“-298”人。

4）n=10年

根据人口规模预测公式$Q = Q_0（1+K)^n+ P$，

$$Q = Q_0（1+K)^n+ P$$
$$= 1108（1+8.07‰）^{10}+（-298）$$
$$= 902（人）$$

根据上述计算，2013年西南村“估算总人口”为902人。而根据调研数据，这个估算值不仅比2013年时西南村“现状总人口”739人多，甚至比2009年时西南村实际人口810人也要超出很多。

用这样的估算方式在其他村落进行测算，结论也是一样的。

毫无疑问，在基层村发展以人口总量减少，而且减少的变化量没有规律性的现实状况下，估算基层村在未来某一年的确切人口数量，是毫无意义的（表3-9）。

澄城县韦庄镇村庄人口变化对比调查表　表3-9

乡、镇	下辖行政村	下辖自然村	人口（人）		
			2003年	2005年	2009年
韦庄镇	业善村	业一	580	557	433
		业二	809	760	580
		西南	1108	1040	810
		前城	716	677	505
		村总人口	**3213**	**3034**	**2328**
	庙西村	下堡子	246	224	179
		上堡子	319	303	236
		庙西	522	491	382
		邓家庄	487	440	356
		村总人口	**1574**	**1458**	**1153**
	南白村		**1458**	**1410**	**1102**
	临皋村	临皋村	1300	1222	952
		临皋庄子	340	274	203
		村总人口	**1640**	**1496**	**1155**
	东庄村	东庄	466	401	317
		柿园	434	394	300
		新庄	620	545	429
		村总人口	**1520**	**1340**	**1046**
	铁庄村	上党家垣	70	57	43
		下党家垣	251	227	171
		前铁庄	454	414	322
		后铁庄	272	249	199
		东铁庄	467	424	321
		村总人口	**1514**	**1371**	**1056**
	新城村		**842**	**790**	**618**
	东白龙村	东白龙	603	550	491
		西白龙	705	633	560
		坡头	807	734	632
		村总人口	**2115**	**1867**	**1683**

续表

乡、镇	下辖行政村	下辖自然村	人口（人）		
			2003年	2005年	2009年
韦庄镇	魏家斜村	饶家斜	509	472	367
		梁家坡	433	410	344
		魏家斜	779	741	553
		短畛	504	475	351
		村总人口	**2225**	**2098**	**1615**
	楼子斜村	杨庄	906	864	667
		楼子斜	404	370	289
		沟南	409	366	283
		村总人口	**1719**	**1600**	**1239**
	马庄村	上马庄	451	417	333
		下马庄	185	168	129
		村总人口	**636**	**585**	**462**
	秦庄村	秦家庄	352	328	257
		秦家坡	393	357	271
		刘家庄	286	256	190
		村总人口	**1031**	**941**	**718**
	西北坡村		**274**	**240**	**203**
	郑家坡村		**612**	**577**	**447**
	南伏龙村		**1082**	**1067**	**833**
	北伏龙村	刘家、康家	819	777	623
		后洼	223	200	137
		景家庄	211	194	148
		村总人口	**1253**	**1171**	**908**
	西白村	后尧	157	140	119
		后澄	710	678	525
		梁家巷	843	810	609
		村总人口	**1710**	**1628**	**1253**
	北棘茨村	东上庄	364	331	268
		西上庄	370	357	300
		和家	378	358	314
		田家	1304	1260	1107
		村总人口	**2416**	**2306**	**1989**
	南棘茨村		**1445**	**1380**	**1047**
镇总人口			**28279**	**26359**	**20855**

资料来源：根据《澄城县域村庄布局规划》调查数据，笔者自绘

城市规划对规划人口指标的关注，一般更侧重于对人口的准确规模预测，以及这个数据是怎样计算得来的，即计算的方法。与城市规划的常规思维不同，在城镇化进程中，对于基层村而言，“人口达到多少规模，就能产

生怎样的影响”，相比“什么时候人口减少到某个数值，以及这个数值是怎样计算得到的”，前者的现实性和指导意义，远远大于后者。而且如本节前面所述，后者在基层村也是不可能科学实现的一种情况，而只是看似科学的一种形式而已。

对基层村消解真正有用的人口分析，如表3-10所示，这里需要说明几点：

量化分析的前提是在相同地区、相同自然资源条件下、相同发展时间里。

第一，决定基层村消解的核心人口指标，不是人口总量，而是基层村劳动力人口总量，及其性别构成比例、年龄构成比例。

第二，表中第一栏、第二栏以及①+②之和的百分比越高，说明基层村男性劳动力越多，可以辅助判断基层村是否处在消解的初期阶段；人口消解的潜力越大，人口流动的幅度会越大；未来宅院的空废可能性越大。

第三，表中第五栏百分比越高，说明这个基层村妇女是种地的主力，宅院空废率不是很高，因为妇女留在村里，每户的家庭生活基本能够维系。可以辅助判断基层村是否处在消解的中期阶段，人口消解的潜力空间还有多大，人口再次流动的整体趋势等。

第四，表中第三栏、第六栏，以及③+⑥之和的百分比越高，说明这个基层村老龄劳动力是种地的主力，宅院空废率可能很高，因为核心家庭的夫妇同时外出打工。可以辅助判断基层村是否处在消解后期阶段。

基层村人口消解量化分析表 表3-10

	劳动力（人）					
	男性			女性		
	①	②	③	④	⑤	⑥
	17~45岁	46~59岁	60岁以上	17~45岁	46~59岁	60岁以上
百分比						

资料来源：笔者自绘

3.4.3 宅院空间消解的量化分析

宅院空间是分析基层村建筑生活空间的基本单位。一方面，宅院空间自住、租借、生产居住相结合，或者被空置、废弃，表面看是单独每个家庭自己做主的取舍或选择。

另一方面，基层村建筑生活系统中存在的很多问题，虽然看似更关注宅院连片的斑块整体，而非每一处宅院的状态，但在分析基层村建筑生活系统问题时，还是要以个体宅院为基础。建筑生活系统的状态，是由个体的状态相互影响集合而成的。

换句话说，宅院空间如此重要，是因为基层村的建筑生活系统整体的消解状态取决于宅院空间的利用方式、消解程度和消解形式。

图3-3以洪水泉村建筑生活空间的局部为例，表现的是在不同消解阶段，宅院的空间的三种状态：在用、空置和废弃。在用宅院代表基层村常住

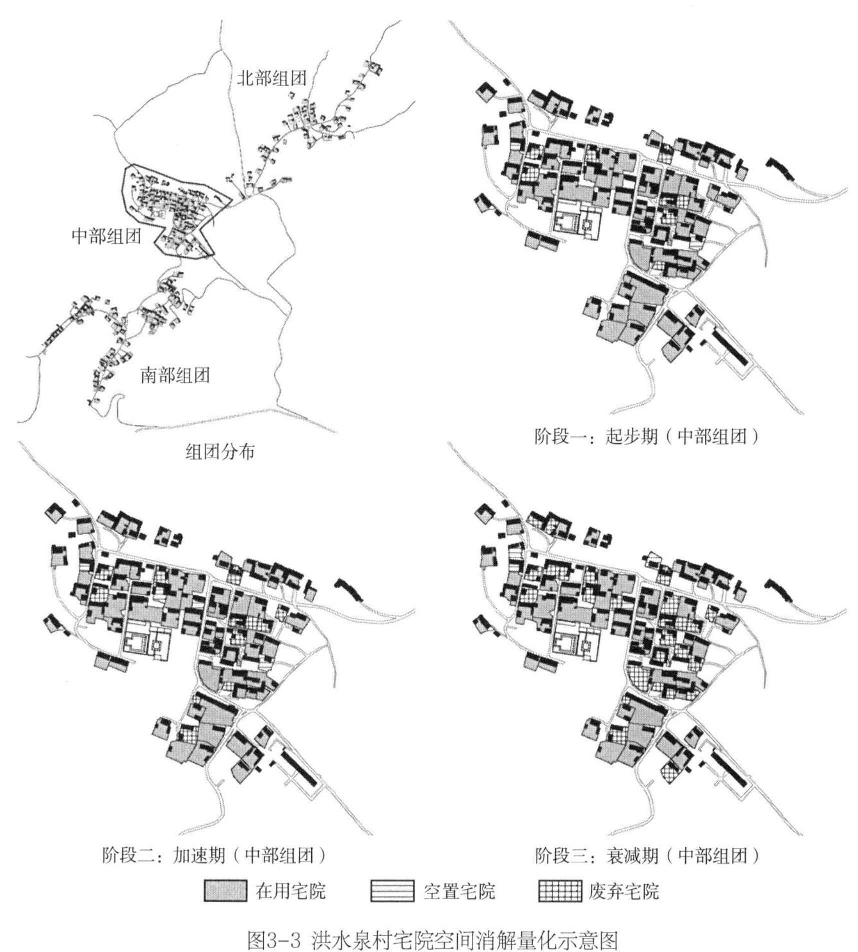

图3-3 洪水泉村宅院空间消解量化示意图

资料来源：笔者自绘

户的院落，空置院落一般院墙围合完好，但因主人离开院落上锁，没有人使用，空间归属明确；废弃院落指宅基地上已经没有建筑，或建筑质量差，或有建筑没有房顶，院墙围合不完整。表3-11数据是图3-2的测算结果。

通过对起步期、加速期和衰减期宅院消解的数量、百分比计算，按照每户宅院面积标准，可以得出每平方公里的宅院密度，再推算出建筑总面积。宅院空间消解的量化分析，目的是为了在规划基层村建筑生活空间系统时，为统筹规划空间资源和废弃建筑材料再利用提供量化数据和规划依据。

洪水泉村宅院空间消解数据量化分析表　表3-11

		起步期（2005）	加速期（2010）	衰减期（2014）
在住宅	数量（院）	73	65	54
	百分比	88%	78%	65%
空置宅院	数量（院）	2	4	4
	百分比	2.4%	4.8%	4.8%
废弃宅院	数量（院）	8	14	25
	百分比	9.6%	17.2%	30.2%

资料来源：根据洪水泉村2010年调查数据整理

3.4.4 建筑材料消解的量化分析

通过调查洪水全村，抽样选取村民自建住宅传统土坯房、新农村建设期间危旧砖房改造，以及村民自建砖房等类型和总量比例，发现这种比例在黄土沟壑区基层村之间相差不多。进行的相关量化分析包括：

1. 基层村村民自建住宅建筑材料使用量（表3-12）

按照建筑类型，先区分每种自建建筑每户使用的可降解与不可降解建筑材料，再估算出每类建筑材料的用量。如果知道全村各类房子的总量，就可以推算出整个基层村建筑生活空间系统的可降解建筑资源——土、木、砖等的数量。

2. 基层村村民自建房造价（表3-13）

盖一户民宅的花费，可以为建筑设计提供土建成本造价依据，用适应当地经济能力和生活水平的建造成本，结合专业建筑设计技术，为基层村提供在相同造价条件下更好的建筑设计，这样便于村民接受，易于在当地推广。

3. 当地每百平方米建筑材料使用量（表3-14）

以基层村所在地的建筑设计理念、建筑材料选择、建造技术、建造材料等基础，为基层村消解重建的建筑总量提供测算依据。

4. 基层村新建建筑的建筑材料测算（表3-15）

对比现状自建建筑的材料使用量。以相同建筑材料、相同建筑面积、相同建筑造价为前提，提供更好的建筑设计，才能被当地村民接受，从而具有推广价值，解决民生问题。

5. 全村废弃建筑拆除后，可再利用的建筑资源估算（表3-16）

基层村主要是居住，因此对宅院空间进行调查分析。这些测算完后，有了已知条件，拿农民现在的几个典型房子，作对比。

现状洪水泉村农户危旧房改造（200m²）建筑材料用量调查数据分析表　　表3-12

	主要建筑材料				
	水泥用量（kg）	砖用量（块）	砂用量（m³）	石子用量（m³）	钢筋用量（kg）
现有农宅砖自建房	32000	40000	50	24	4000

资料来源：表中自建房指洪水泉村现有的砖自建房，单项数据来源于洪水泉村入户调查数据的平均值

现状洪水泉村危旧房改造（200m²）造价调查数据分析表　　表3-13

	建筑材料						人工费	其他费用
	水泥(t)	砖(块)	砂（m³）	石（m³）	钢筋（t）	其他		
各类建材用量	32	40000	50	24	4	—	—	—
单位建材价格（元）	420	0.4	80	80	5000	—		
分项建材价（万元）	1.344	1.6	0.4	0.192	2	2		
各项总价（万元）	7.536						3.48	0.6
费用所占百分比	65%						30%	5%
每户总造价（万元）	11.6							

资料来源：表中自建房指洪水泉村现有的砖房，单项数据来源于洪水泉村2010年入户调查数据的平均值

洪水泉村当地每百平方米自建房建筑材料用量调研数据表　　表3-14

	主要建筑材料				
	水泥用量（kg/㎡）	砖用量（块/㎡）	砂用量（m³/㎡）	石子用量（m³/㎡）	钢筋用量（kg/㎡）
每平方米自建房	160	200	0.25	0.12	20
100㎡自建房	16000	20000	25	12	2000

资料来源：数据来源于洪水泉村所在当地建材市场调查

洪水泉村规划新建自建农房建筑材料用量估算表　　表3-15

	主要建筑材料				
	水泥用量（kg）	砖用量（块）	砂用量（m³）	石子用量（m³）	钢筋用量（kg）
270m²养殖户（农宅+羊舍）	43200	54000	67.5	32.4	5400

资料来源：表中新规划农户自建农房指为洪水泉村规划设计的砖混结构养殖户自建房；单项数据根据洪水泉村入户调查现状砖自建房数据的平均值计算

洪水泉村废弃农宅拆除后废弃建筑资源估算数据分析表　　表3-16

		砖（万块）	水泥（t）	砂（m³）	石（m³）	钢筋（t）	门（个）	窗（个）
每户建筑物废料	砖房	4	32	50	36	4	5	8
	土房	1.33	—	—	—	—		
全村（321户）	砖房（40户）	160	1280	2000	1440	160	5	8
	土房（281）	373.73	—	—	—	—	5	8

资料来源：按照洪水泉村大部分现有农宅每户建筑面积约200m²计

3.4.5 公共基础服务设施消解的量化分析

1978年的“土地承包，分田到户”，使农村先行一步改革。毫无疑问，今天的农村没有原来那么穷了，农民的经济状况不断好转，很少出现倒退。问题是，农村虽然将“科技兴镇”等粉刷在村屋外墙上，但农业生产水平和农村生活条件改善并不大，像调查对象洪水泉村这样，农田缺水、农科技术小组解散，有些久置不用的农业机械变成废铁，新建学校空弃无人等现象，并不是个别基层村的个别问题。尤其令人担忧的是，这种农村公共基础服务设施长期的改善缓慢甚至倒退的境况（表3-17），可能会影响近几十年的农村发展成果。

从2000~2010年的十年间，农村小学减少22.94万所，减少了52.1%。教学点减少11.1万个，减少了六成。农村初中减少1.06万所，减幅超过25%。十年间，我国农村小学生减少了3153.49万人，农村初中生减少了1644万人。他们大多数进入县镇初中和县镇小学。2000~2010年，在我国农村，平均每一天就要消失63所小学、30个教学点、3所初中，几乎每过1小时，就要消失4所农村学校①。

洪水泉村公共基础服务设施用地面积数据一览表　表3-17

	清真寺	村公所	村小学	卫生室	小卖铺	晒谷场	道路	池塘
用地面积（ha）	0.49	0.04	0.3	0.02	0.03	1.1	4.94	0.2

资料来源：根据洪水泉村2010年调查数据计算整理，笔者自绘

3.5 小结

本章从城镇化进程中黄土沟壑区基层村的发展特征、基层村消解的概念、基层村消解的基本规律和基层村消解的量化等方面展开分析研究，主要结论有如下几点：

其一，不同村，消解类型可能不同；同一村，不同时期消解类型会转化。

其二，消解对基层村人居环境产生主导影响，反之，人居环境衰败到一定程度，则加速村子的消解突变。

其三，黄土沟壑区基层村发展类型主要分为三类：现代农业发展型、生态发展型和旅游发展型。

其四，基层村消解与发展的基本关系表现在五个方面：时间性关系、空间性关系、规模性关系、经济性关系、政策性关系。消解与发展是共生的，是互动的。

① 杨贵庆，黄璜，宋代军，庞磊. 我国农村住区集约化布局评价指标与方法的研究进展和思考[J]. 上海城市规划，2010，6：48-51.

其五，基层村消解，首先是基层村“主体”——社会的消解。自然生态系统没有量变，农业生产系统发展，建筑生活系统消解。建筑生活系统中，社会是主体，人居环境是载体，主体决定载体，载体反作用主体。

其六，“生产发展”快于“生活消解”，“建设发展”快于“消解发展”。

其七，从以上特征、概念、规律和量化分析可见，当前黄土沟壑区基层村的消解整体总体上呈现粗放状态，是一个低效的非绿色过程状态，迫切需要探寻绿色的消解途径，以保障基层村的健康快速发展。

4 黄土沟壑区基层村消解动因分析

基层村消解是中国转型期社会变迁的一种现象。通常事物的现象背后必有规律，而规律的发生或出现，是必有原因的，这是科学理解事物的必要条件。正确认识和揭示基层村消解的特征、规律，可以从两个角度分析：一是外部视角，即村一级层次以外的经济、社会和环境影响因素，主要包括外部的经济因素、外部的环境因素和外部社会因素；一是内部视角，即从自有体系中审视，涉及乡村内部各层次的社会、经济和环境影响因素，主要包括内部社会因素、内部经济因素和建设发展的自在特征等。

4.1 末端角色——黄土沟壑区基层村在城镇村体系中地位解析

4.1.1 城镇村人居环境变迁历程解读

农业文明造就了中国人安土重迁的习惯。对中国农民来说，只要土地能够满足他们的要求，他们就不会迁移。常态的情况下，在人口稠密的地区，由于人口增加，土地满足不了人的生存要求时，就会有人口迁移现象（图4-1）。

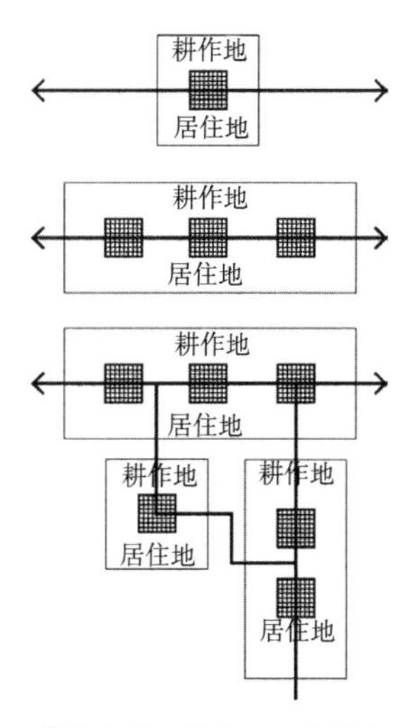

图4-1 传统农业聚落人居环境演变示意图

资料来源：笔者自绘

历史发展的规律证明，人集中在哪里，矛盾问题主体也出现在哪里。自古以来，村是农耕生产生活的家园，直到今天中国仍然如此。尽管几年前国家公布的统计数字说，城镇人口已经历史上首次超过了农村人口。但从某种意义上可以说，今天生活在城市里的许多人，本质上也来自农村，因为我们上一代或隔代的祖辈也都是生活在农村的农民。从历史格局看问题，研究才有可能真正地科学客观。

城镇村体系是行政管理的一种分类方式，虽然更加细化地区分了特征和需求，但其实质说的依然是城乡包含的所有关系。过去的城乡格局是"乡大，城小"。农村占有的土地规模比例大，在农村生活的人口比例也大于城市。

历史和事实证明，形成规模的人口流动一定会对当地人居环境产生某种影响。在过去漫长的时间里，随着人口的增长，黄土沟壑区绝大部分的土壤表面已经被人们开发。但环境压力的本质，并不只是由人口的规模和数量来决定的。除此之外，人口的组织方式——城市或是农村，核心家庭或是大家庭，迁移或是留守——都能够影响支撑他们生活方式的环境承载力。

迁移对人居环境可能造成三种影响：农村到农村之间的迁移，会以家庭为单位对自然资源产生直接影响，这一影响通常在农业生产扩大时产生，反映出传统农业社会的聚落发展轨迹。

工业化之后，人口从农村到城市的迁移以及伴随其发生的生产生活方式改变，通常会带来能源使用特征的变化，以及肉类和奶制品消费的增加，后者会增加用于农业生产的农村地区的土地所受的压力。

通过向家乡汇款对土地使用的投资产生直接影响，或通过对肉类、奶制品和原材料的消费产生间接影响。

从新中国成立到1978年间的30年，在计划经济和集体经济双重政策下，农村基本没有什么发展，发展的潜力都攒着，形成一种比较隐性的历史的资源（包括劳动力潜力、农村大量的农田水利工程、基本农田设施建设的潜力、劳动积极性的潜力）。

我国官方统计数据显示，1949年中华人民共和国成立时，城镇人口仅占总人口的10.6%；1979年中国推出市场改革时，这个比例只有不到19%[①]。2012年中国总人口近13.5亿，城镇人口占51.27%，为6.908亿。这就意味

① 王伟强，丁国胜. 中国乡村建设实验演变及其特征考察[J]. 城市规划学刊，2010，2：79-85.

着，在过去30年经济迅速发展的期间，中国大致走完了据经济史学家说英国花了约200年、美国花了100年、日本花了50年走完的历程[①]（表4-1）。

城镇化发展各阶段数据对比分析　表4-1

时期	发展阶段（年）	城市数量（个）	城镇人口（万）	城镇化水平
起步发展阶段	1949	136	5765	10.64%
	1957	176	9949	15.39%
剧烈波动阶段	1958~1960	200	12301	19.75%
	1961~1963	175	10455	16.84%
	1965	178	13045	17.98%
徘徊停滞阶段	1966	178	13313	17.86%
	1978	199	17245	17.92%
恢复发展阶段	1979	216	18495	18.96%
	1992	517	32175	27.46%
加速发展阶段	1993	570	33173	27.99%
	2005	661	56157	42.99%
快速发展阶段	2006	656	58288	43.90%
	2011	657	69079	51.27%
	2013	658	73111	53.37%

资料来源：国家统计年鉴

4.1.2 城市的优势及其吸引力分析

人口高度密集和规模化聚居，是城市与农村的基本区别之一。规模聚居带来了就业优势与发展机遇。人口密集可以引发商机，可以支撑多元服务平台，并使服务平台的绩效很高。人口聚集度越高，人口规模聚居带来的服务平台的级别优势越明显，这就是城市越来越强势的原因。

城市因为其在城镇村人居环境体系中的比重和地位，越大的城市比重越大，区域为其配置的基础设施和公共设施级别越高；而乡村则因其聚落人口

① 牛慧恩. 城市规划中人口规模预测的规范化研究——《城市人口规模预测规程》编制工作体会[J]. 城市规划，2007，4：16–20.

过少，无法支撑高端和全面的公共基础设施，或者基础设施与公共服务设施的标准较低。

城市突出的具体优势包括：

1. 发展条件优越。城市经济活跃，就业机会多，市场巨大，发展多元，在当前的中国社会对个人来讲比在农村的发展条件优越。

2. 生活条件优越。城市基础设施配置条件优于农村，公共交通条件优于农村，各种档次的生活方式均能得到支撑。

3. 社会化程度高。城市因运用市场经济，社会化程度比农村高很多，社会分工非常细致，各种产业产品均有很强需求，人们可以专营某一特定细小工作，即可获取较丰富的稳定回报。

4. 优质公共资源利用方便。城市与农村相比，在教育、医疗、商务以及吃、穿、住、行、游、购、娱等方面的优质公共服务资源均更便利。

5. 经济收入高于农村。城市从业者的收入远大于农村农业产业收入，体力劳动者的收入都相差近10倍，更不用比较中高收入阶层。

城市的优势引发次生效应，导致城市文化成为先进文化的化身，成为广大农村社会崇拜和追随的样式，城市文化的现代化与多元化制造了巨大的吸引力。

4.1.3 镇的角色及其双重特性分析

在黄土沟壑区的城镇村体系中，镇的主要职能是服务镇域广大农村，除镇区居民居住生活外，肩负镇域行政、农业商贸、公共服务设施、基础设施、农副产品粗加工等职能。

在黄土沟壑区，镇的角色难以发生质的变化，因为本地区镇几乎没有发展第二产业的条件，所以便没有向城镇发展的动力，仍将处于为农业产业现代化服务的模式中。与此相应，现代农业产业可以解放劳动力，促进家庭人口的产业进步，镇域人口在未来将会进一步整体流失，所以作为农业型镇，其镇区的吸引力和就业支撑条件有限，未来黄土沟壑区镇区仍将延续农业型地区中心区的角色。

此外，镇因其城乡二元特征，既有被城市吸引掉人口的一面，也存在着吸引乡村人口的一面，表现出动态不稳定性，因此有了双重特性。

4.1.4 末端角色的命运分析

没有发展机会，没有就业机会，人们就没有在此居住的动力。维系农民与农村关系最重要的因素是土地，“80后”大部分没有赶上以联产承包责任制为主体的农村土地改革，许多人没有土地。

中国的农村经历了许多变迁，都是大同小异的循环。中国今天“城—镇—村”体系的发展实情是，城、镇两个层面都处在扩大、增长的发展趋势下。中国当前是从两方面对其进行管理，一方面是从规划的条例上管理，另一方面是从规划的理念上管理。

村层面，土地面积没有变，农业生产活动仍在进行，却同时存在对立的两个趋势：一方面，中心村集约增长，人口规模膨胀，变成集镇；另一方面，基层村消解，人口规模萎缩。基层村之间行政上没有关系，产业上没有依赖，各自独立发展，关联性不大。

乡村按照层级一般分为中心村与基层村。中心村规模较大，区位较好，往往辐射几个基层村。基层村，作为“城—镇—村”体系中的最末端单元，既是最小、最单纯的基本聚居单元，同时也是数量最大、类型最多的基本聚居单元，长期以来，基于农村劳动力过剩的情况、迫于农村产业类型单一的限制、受农业经济效益低下的影响、受村落人口规模过小的制约、受城乡体系层级地位弱势的局限、受城市生活与就业条件的强力吸引、广大的基层村程度不等地共同呈现出数量减少、人口衰减、宅院空置、职能转型等清晰的单边倒趋势。

农民虽然进城了，但土地使用权属还在，虽然土地、房子价格很低，但政策却不允许农民将其卖出去。土地有价值，废弃元素与资源元素交织。建筑废了，宅基地还是资源，宅院里还有老树，也是一种资源。消解得破碎、不完整、不成片，是基层村建筑空间的消解规律。

4.2 条件约束——黄土沟壑区自然地理资源分析

资源条件在一切发展中起到本底决定性作用。黄土沟壑区的地域约束条件，最根本产生于黄土沟壑区的自然地理资源。历史发展证明，二、三产业在这个地区缺乏基本发展条件。黄土沟壑区基层村还能够继续延续这样的发展吗？

4.2.1 黄土沟壑区在黄土高原空间发展中的地位

黄土沟壑区地形地貌造成基层村村落群整体分散、局部集中的特点，在局部集中地区，“大分散、小集中”又成为基层村地域空间分布特征。基层村分布的不均衡性，远远大于平原地区，空间形态也远比平原地区复杂。即使是“小集中”的基层村村落群，两个村往往也是“望着在对面，走着几道坎”的出行距离关系（图4-2、图4-3）。

黄土高原分布着黄土平原、黄土台塬、黄土丘陵和黄土沟壑区，黄土沟壑区地块狭小分散，不利于水利化和机械化农耕作业，农业现代化先天条件不足，与此同时，这里交通不便、灌溉不便、干旱少雨，耕地以沟坡地为

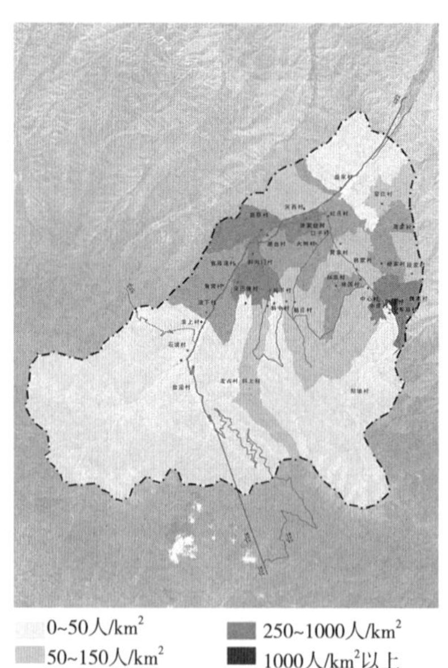

图4-2 青海黄土沟壑区基层村人口分布密度示意图

资料来源：笔者自绘

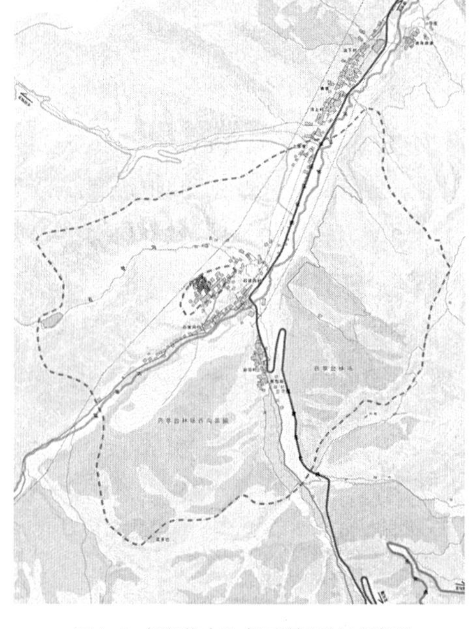

图4-3 青海黄土沟壑区基层村村落群空间分布示意图

资料来源：笔者自绘

主、土地产量不高，从而使得自古以来的乡村贫穷落后，村落布局呈现出分散格局。而地区中心的镇多位于沟壑之外的塬、墚、峁之上。

今天，黄土沟壑区的自然地理条件局限着农业机械化的发展，局限着工业化的发展，局限着农村就地城镇化的发展，局限着规模化农业的发展，局限着村镇基础设施现代化与高效化的发展，局限着经济收入多元化的发展，局限着缩小地区差和城乡差的可能性，局限着人居环境规模化集约的可行性，等等。

由于黄土沟壑区适宜展开农业生产和人居生活的空间有限，为了节约有限的塬面和缓坡地资源用于耕种生产，沟壑区内基层村建筑生活空间基本选择在坡面建房构舍，或者靠山挖窑洞。

4.2.2 黄土沟壑区适宜的现代产业体系发展条件分析

毫无疑问，黄土沟壑区还会持续有农业生产存在，还将继续养活一定规模的人口。讨论黄土沟壑区的现代产业体系发展，关键条件有三点。

第一个条件是看黄土沟壑区农业产业发展的历史规律——集约耕种的中小型家庭农业经营，是否还能继续走下去。在黄土沟壑区的传统农耕经验里，农业生产的每一环节，在农业的中小生产规模内，就如同平原地区在相对较大的农业生产规模内一样，是可以同样合理地经营的，有时甚至与平原地区农业发展方式相反，农业的集约耕作能使黄土沟壑区农地小经营，这样相较农业大经营有更大的优越性。事实证明，黄土沟壑区在农业的发展中并没有走向大生产的倾向，恰恰相反，在农业发展的历史上，大生产并不一定是较高的生产形式，一切还是源于这个地区的破碎化的地形地貌和耕地分布条件。

今天黄土沟壑区基层村农业生产的主体，依然是家庭自耕小农业。城镇化使得基层村越来越深入地卷入一个开放的、流动的、分工的社会化体系中来，且与传统的封闭小农经济形态渐行渐远，基层村现在已经进入一个“社会化小农”的新阶段。

我们需要引入新的理论分析范式来“重识农户”。因为今天提出的解决农民增收、就业、保障，并提供健全的社会化服务体系等要求，其实已经逾越传统小农经济的关注范畴。这说明单纯运用传统的小农经济理论和传统农业生产方式，已很难解释当下黄土沟壑区农村社会生产生活的一系列问题。

第二个条件是，反观现代农业发展的条件——在开阔的平原上耕种、机械化收割、单种栽培、采用中枢灌溉系统，它们应该是黄土沟壑区长久可持续发展的选择吗？如果植物生长季节短，日照时间有限，充分利用日照的最好办法就是把作物种在开阔地带，这是黄土沟壑区自然条件的约束的结果。地域农业资源条件限定了农业生产的方式。农田不允许有任何阻挡阳光或者妨碍设备运作的东西，就意味着必须除掉树木，平整出成规模的连片土地，并有稳定的水资源支撑中枢灌溉系统。显然这些现代农业发展条件，根本不适宜黄土沟壑区的农业发展规律。

对于现代农业大规模生产这个概念，始终存在一个误解：只根据土地面积来作出判断，耕地面积大的，就是“大规模”农业生产方式；耕地面积小的，就把它算作小生产。在所有正在以集约农业代替粗放农业的国家和地区，这是一个普遍现象。农业的千差万别，不仅是由于土地的质量和位置、区位不同，更关键的是对土地的投资量不同。

农业生产的土地投资，意味着改进农业技术，实行农业集约化经营①，逐步走向更高级的耕作制度，更多地使用人造肥料，改良和更多地使用农具和机器，更多地使用雇佣劳动，等等。随着黄土沟壑区现代农业产业体系的发展，农地必然会从目前每户家庭承包土地的细碎化，向农地集约发展。但与此同时，不应仅仅追求农地面积的大规模，其核心在于现代农业生产的土地投资。

第三个条件是始终绕不过的黄土沟壑区的国家生态安全战略定位。结束过度耕作有助于黄土沟壑区稳定土壤，停止灌溉则有利于该地区缓解水资源短缺问题。2002年开始执行的44万km^2退耕还林还草计划，还林还草面积占全国总面积的5%，相当于美国加州的面积，是历史上规模最大的生态工程。黄土丘陵沟壑区被确定是退耕还林还草试点示范的六个类型区之一②。

生态政策影响了黄土沟壑区现代产业结构，退耕还林还草政策最终落实

① 列宁．列宁全集(第27卷)[M]．北京：人民出版社，1990.

② 焦峰，温仲明，李锐．黄土高原退耕还林(草)环境效应分析[J]．水土保持研究，2005，1：17-23.

在基层村的土地上，究竟什么样的农业模式才适合黄土沟壑区？本书以洪水泉村的产业变化为实证案例来看这个问题。

洪水泉村2012年已经全部完成退耕还林还草的计划任务。坡坎地退耕之后，洪水泉村还保留有不到三分之一的耕地。本来不够种的地，现在更少了，村民意识到种地的低效益，因此在市场经济引导下，回归青海传统牧业生产习惯，养育成羊贩卖成为当前村里家家户户的新希望。在传统的种植业之外，村里自然而然地出现了养殖业。

村民按照政策要求，在洪水泉村退耕还林还草的耕地上已经种上了树苗。这些树苗都由林业部门统一组织采种，育苗单位向农民无偿供应。种苗费按建设生态林标准每亩补助50元，由国家提供给种苗生产单位，再按照一定比例发给村里。

村里每年特意种植的树木活下来的不算多，被清掉的灌木却往往能从老根上抽出新芽。近两年，村民为了政策补贴，继续在补种新树苗，但为了养羊会放任这些灌木生长。村民说按照国家政策，算下来其实真正花在一棵树上的钱不到3元，所以这点钱只够栽一棵幼苗，甚至都不能保证幼苗成活。如果与世界其他自然环境条件相近的国家相比，在以色列一棵树苗的投入将近240元，成活率在90%左右[①]。

退耕户在执行任务的十年间，会获得政府发放的放弃承包耕地的经济补偿。每亩退耕地每年补助现金20元，同时补助粮食100公斤。考虑到农民完成退耕后，近几年内需要维持医疗、教育等必要的开支，政策规定在一定时期内可以继续给农民适当的现金补助，洪水泉村还能够继续执行3年补偿政策直至2015年。

新种树苗的首要目的是为了改善黄土沟壑区的生态环境，但树苗长大后潜在的经济效益，也是实行退耕还林还草政策的目的之一。这时洪水泉村又自然而然地出现了未来发展林业的可能性。黄土沟壑区生态养殖业的派生条件已经自然而然顺应具备。

因为具有相似的地形地貌、相同的政策、相似的人群基础、相似的地域

---

① 费孝通. 费孝通全集（第六卷）[M]. 内蒙古：内蒙古人民出版社，2002.

农耕文化，黄土沟壑区农林牧结合，也许会相得益彰。

4.2.3 黄土沟壑区人居环境条件的新约束

乡土社会是安土重迁的，生于斯、长于斯、死于斯的社会。不但人口流动很小，而且人们所取给资源的土地也很少变动。在这种不分秦汉，代代如是的环境里，一个在乡土社会里种田的老农所遇着的只是四季的转换，而不是时代变更。好古是生活的保障①。

今天，时代变更到来了。城镇化无疑是历史上人类人居环境的一次深刻变革，并且在全世界还在广泛持续中。黄土沟壑区基层村积累的那些周而复始的前人经验，用来解决生产生活问题的办法，以及那些经过前代生活证明有效的对策，在今天的时代变革中，一些曾经不是问题的先天条件或后天选择，今天变成了发展的新约束（图4-4）。

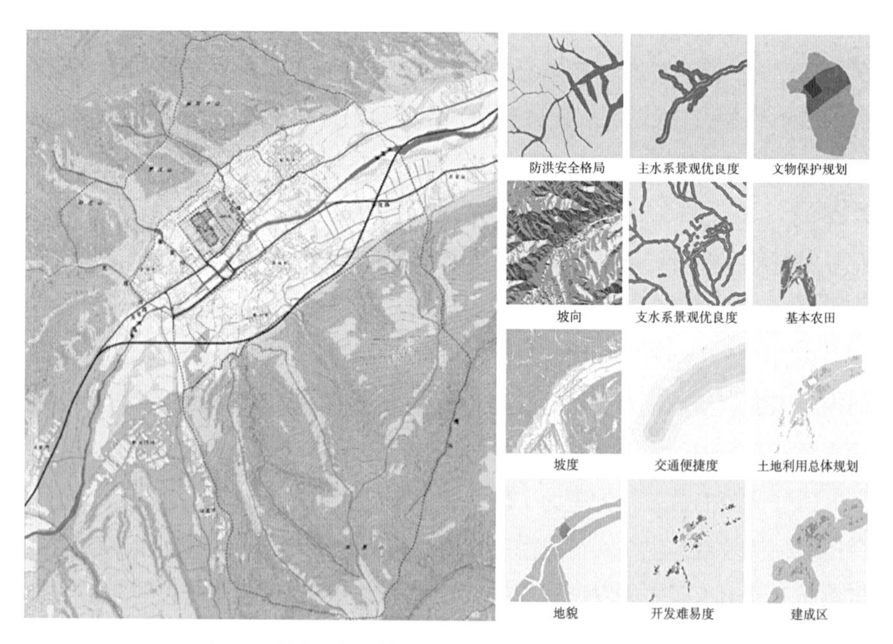

图4-4 黄土沟壑区基层村人居环境新约束条件分析图

资料来源：笔者自绘

① 费孝通. 费孝通全集（第六卷）[M]. 内蒙古：内蒙古人民出版社，2002. 149.

基层村在黄土沟壑地貌条件下，通常选择在黄土沟壑区主支沟岔及河流的交汇处，储水条件好的塬面中部或潜水位浅的沟坡地段。村落群集中分布在梁峁坡地的下部，与沟底保持一定距离①。黄土沟壑区本身的地域偏远性，以及基层村在黄土沟壑区空间分布的偏远性，成为今天本地区基层村人居环境发展的新约束。基层村村落之间传统分散的布局方式，例如规模小、密度小、分布不均匀、向阳、向路、向沟等特点，造成基层村生产生活条件提升的高成本，不适应现代农村人居环境发展需求②。再例如，黄土沟壑区地形地貌条件约束了区域交通发展，基层村分布分散，导致基层村的农业生产和日常生活的基础条件差，生存压力大。

据中国国土资源部的官方网站介绍，“我国村镇建设用地总量是城市建设用地总量的4.6倍，农村居民点用地高达16.4万km^2，人均用地远远超过国家标准”。这个基本的事实告诉人们，尽管现今中国的农村人口仅仅比城市人口多10%，但农村的居民点用地却是城市的4.6倍③。来自国土资源部信息中心2006年底公布的全国土地利用总体规划专题研究报告称：“据土地详查统计，全国人均农村居民点占地185m^2，高于国家规定的上限指标150m^2。”

农村社会组织制度的变革，对农村物质空间环境的演变发展起着非常重要的决定性作用，从联产承包制30年不变到废除农业税，再到农业现代化发展，基层村消解与其关系密切。这种作用有直接和间接之分。

区位是任何规模层次的基层村发展的重要外部影响因素。在黄土沟壑区，基层村区位因素主要反映在：所处地域的地形地貌，各种资源条件，在交通网络中的位置，距离城市的流动距离。

外部工作机会的影响力比流动距离更重要。流动人口数与流入地的工作机会成正比，与对工作机会的干涉成反比。由于整体上外部工作机会是有限的，这就会带来对工作机会的竞争，竞争的激烈程度也是影响基层村消解的重要因素。

---

① 李雅丽. 陕北乡村聚落地理的初步研究［J］. 干旱区地理，1994，1：61-67.

② 曹锦清. 黄河边的中国：一个学者对乡村社会的观察与思考［M］. 上海：上海文艺出版社，2003.

③ 田莉. 我国城镇化进程中喜忧参半的土地城市化［J］. 城市规划，2011，2：11-13.

消解造成基层村物质空间恶化，反过来，这种恶化的环境转变成推动力，让本来不想走的人，也不得不离开基层村。

4.2.4 基层村规模约束下的公共服务设施与基础设施瓶颈效应

现代化如果以工业化为开端来计量，不过是人类历史上近百年的事情，而城镇化则占据人类社会现代化发展的一段较长时间。西方发达国家在今天被认为已经进入城镇化成熟期，尽管如此，西方国家本身也还没有适应自己造出来的这样一个新的城乡物质空间环境，美国的乡村基础设施面临的新问题就是这种不适应的一个典型例子。乡村人口规模持续减少，造成公共服务设施低经济效益而难以继续维系。在2013年，美国的邮政、储蓄、公路交通等服务性设施机构最终可能选择关闭几千个村级和乡镇的服务布点，而这些设施的建设时间最长不过二三十年。

黄土沟壑地区，地形地貌复杂，人口聚居分散。生态脆弱，贫穷落后，致使交通设施、基础设施、公共服务设施配置艰难，投入大，绩效小，这是天生的缺陷。教育设施、基础设施配置的成本过高（给水、排水、电等），国家投入修路的钱有限，信息技术加速了基层村对外面世界的了解，开放、流动的新型乡村生活模式使更多人在潜意识里希望获得更公平的社会公共服务。

基层村一般规模较小，多在200人左右，有的甚至只有几十口人聚居，因此，诸多公共服务设施难以配置或难以为继，尤其是教育设施缺少的问题最为突出。由此引发基层村人口的主动流失，尤其是条件好的家庭（表4-2）。

青海黄土沟壑区瞿昙镇基层村至镇乡、县城公共设施距离分析　　表4-2

基层村	距离（km）	2010年数量（个）	2013年数量（个）
距最近县城的距离（乐都县县城）	<2	0	0
	2~5	0	0
	5~10	0	0
	10~20	2	2
	>20	33	33
距最近镇乡政府的距离（瞿昙镇镇政府）	<2	5	5
	2~5	9	9
	5~10	19	19
	10~20	0	0

续表

基层村	距离（km）	2010年数量（个）	2013年数量（个）
距最近小学的距离（2所完全小学，11个教学点）	2~5	16	16
	5~10	17	17
距最近初中的距离（乐都县城中学）	2~5	0	0
	5~10	0	0
	10~20	2	2
	>20	33	33
距最近长途车站的距离（瞿昙镇长途客运站）	<2	7	7
	2~5	9	9
	5~10	17	17
	10~20	0	0
	>20	0	0

资料来源：根据青海省海东市乐都区瞿昙镇实地调研数据整理，笔者自绘

4.3 劳动力剩余——农业现代化的效应

农业社会的价值准则，不是要把一件事情做得多新鲜，而恰恰是做得多地道，这就是回到本然的状态。人—地关系是农业体系架构的核心，剩余劳动力是形成人—地关系的基础，是催生基层村消解的动力根源。

4.3.1 传统农业生产方式下的聚落分布特征

黄土沟壑区地形地貌造成了区域人口密度的特征。按照大面积计算人口密度，数据显示偏低，大面积中只有小部分集中用地适合人类生产生活，留白的用地部分并不是可利用的土地资源，所以小面积集中的那部分人口密度实质上不低。

自古以来，乡村聚居地域选择主要受制于农业生产方式的服务半径，受制于生产力水平的劳动能力。与此同理，黄土高原乡村基本聚居单位的空间范围，同样取决于小型机械加人工化的现代生态农林业生产方式的极限服务半径；乡村基本聚居单位的人口规模，同样取决于基本聚居单位空间范围内现代生态农林产业单劳动力的平均生产支撑能力。

乡村基本聚居单元的人口定量包括以下几方面。一方面，居住人口能够

支撑一所完全小学（幼儿园、小学教育是让家庭生活社会化稳定的一个基本前提）；另一方面，劳动力数量在现代农业生产条件下，在当地的自然条件下（地形地貌、水源等），会产生一定的耕地辐射半径，即多少人对应能耕种多少土地。因此，现代农业生产背景下，现代乡村基本聚居单元的分布密度是一定的。

在传统农业社会，农业人口数量主要取决于耕地资源数量与生产力状况，原因在于：基于一定生产力状况，特定地域农业人口所必需的生存或生活条件是有底线的，该底线所依赖的耕地亩数也是有底线的。与此相应，在传统乡村人居环境下，村落地域空间分布呈现星罗棋布的特征，这是由传统手工工具和畜力农具的生产力与耕作服务半径所制约的结果。由此可见，农村人口规模及其聚居体系空间模式主要取决于以下四大因素：一是农民的基本生活标准，二是农业劳动对象的数量与分布，三是农业生产组织方式，四是农业生产力辐射半径。

4.3.2 现代农业生产方式下的人口分布条件

土地是一切生产资料中最重要的，是农业生产关系里的核心。土地也是规划学研究的最核心问题。土地在农民社会内的作用远远不止于其有价格：土地是农户抵御生活风险的长久保证，是农户在村庄和社区内社会地位的一种表现。

现代化大农业需要的最小人口规模、空间规模是可以估算的。在现代大农业生产的基本空间规模范围中，现有的基层村开始集中，集中在哪里，要根据规划选址进行技术思考，并综合交通条件、地理区位、优势、便捷性，土地耕作的核心辐射性与方便性等，找出最合理的一个点（图4-5、图4-6）。

4.3.3 农业现代化引发的基层村劳动力剩余状况分析

半农半工分工结合是农村劳动力向城市大量转移以来形成的农民家庭就业的重要特征。这种家庭分工一方面体现为家庭成员有人务农、有人非农就业（包括外出就业）的分工，另一方面表现为留守农民的兼业。

图4-5 水洼村及其周边基层村空间分布现状

资料来源：陕西省测绘局航拍地形图

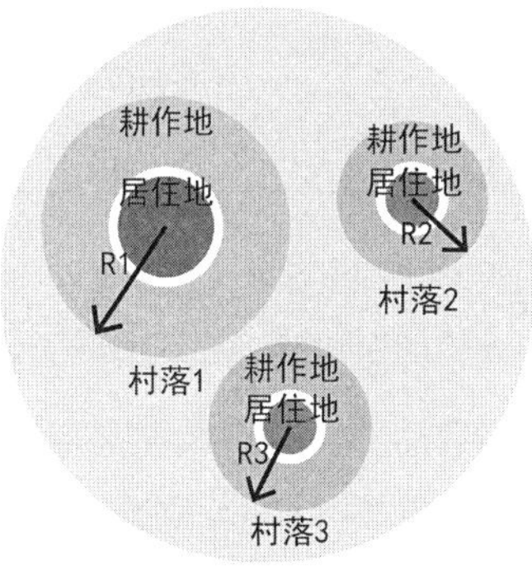

图4-6 传统聚落分布特征

资料来源：笔者自绘

水洼村就业人口结构分析表　表4-3

居住状态	户数（户）	人口（人）	其中		
			就业人口（人）		非就业人口（人）
			务农者	非农就业者	
常住	402	1633	752	389	492
非常住	88	352	0	270	82
合计	490	1985	752	659	574

资料来源：根据水洼村2009年调查资料整理

水洼村务农就业人口年龄结构分析表　表4-4

<table>
<tr><th rowspan="2">常住人口</th><th rowspan="2">总数（人）</th><th colspan="4">其中</th></tr>
<tr><th>17～30岁（人）</th><th>31～45岁（人）</th><th>46～60岁（人）</th><th>61岁以上（人）</th></tr>
<tr><td>务农者</td><td>752</td><td>89</td><td>205</td><td>352</td><td>106</td></tr>
<tr><td rowspan="2">比例</td><td rowspan="2">100%</td><td rowspan="2">11.8%</td><td rowspan="2">27.3%</td><td>46.8%</td><td>14.1%</td></tr>
<tr><td colspan="2">60.9%</td></tr>
</table>

资料来源：根据水洼村2009年调查资料整理

水洼村非农就业人口年龄结构分析表　　表4-5

<table>
<tr><th colspan="2" rowspan="2">居住状态</th><th rowspan="2">总数（人）</th><th colspan="4">其中</th></tr>
<tr><th>17～30岁（人）</th><th>31～45岁（人）</th><th>46～60岁（人）</th><th>61岁以上（人）</th></tr>
<tr><td rowspan="3">非常住</td><td>非农就业</td><td>270</td><td>174</td><td>81</td><td>15</td><td>0</td></tr>
<tr><td rowspan="2">比例</td><td rowspan="2">100%</td><td>64.4%</td><td>30%</td><td rowspan="2">5.6%</td><td rowspan="2">0</td></tr>
<tr><td colspan="2">94.4%</td></tr>
<tr><td rowspan="3">常住</td><td>非农就业</td><td>389</td><td>133</td><td>158</td><td>96</td><td>2</td></tr>
<tr><td rowspan="2">比例</td><td rowspan="2">100%</td><td>34.1%</td><td>40.6%</td><td rowspan="2">24.7%</td><td rowspan="2">0.6%</td></tr>
<tr><td colspan="2">74.7%</td></tr>
</table>

资料来源：根据水洼村2009年调查资料整理

对调查样本按种植户平均每户实有耕地7.3亩，平均每个务农者只承担4.2亩进行统计分析。显而易见，平均每户有一个农业劳动力绰绰有余，而现在还有1.57个，这说明农村还存在剩余劳动力（表4-3～表4-5）。

农村常住人口就业者每年有大量闲暇。平均每年就业255天，空闲108天。全年工作不足180天的占就业人数的20.0%；全年工作不足270天的占就业人数的51.1%。就是说，20%的人就业严重不充分，另有30%的人就业不够充分，就业充分的不足一半[①]。

一个劳动力产出的农业种植的经济效益与城市正常状况下的工资相当。达不到城乡收入基本相当，人口会流失，土地会荒芜。依据全国人均土地测算，一般每征用一亩耕地，就伴随1.4个农民失业[②]。联合国确定土地对人口最低生存保障0.8亩/人的警戒线。在农村改革初期，全国平均每个农户承包耕地9.2亩，被细分为8.99块，平均每个地块也只有1.02亩[③]。

4.3.4 农业剩余劳动力的衍生模式

农业剩余劳动力是指在一定的生产力水平下，农业劳动力的供给大于农业生产经营合理需求的那一部分劳动力，这部分劳动力投入农业生产经营的

① 黄宗智，彭玉生．三大历史性变迁的交汇与中国小规模农业的前景［J］．中国社会科学，2007，4：47–51．

② 农民变股民，失地不失业．凤凰网财经，http://finance.ifeng.com/a/20140307/11833106_0.shtml．

③ 张新光．论我国农地平分机制向市场机制的整体性转轨［J］．西北农林科技大学学报，2003，5：1–8．

边际产量为零或负数。即使这部分劳动力分离出来，原有的有效劳动时间和产出量也不会减少，也不影响农业的发展。农业剩余劳动力是一个相对的概念，随着农业生产力、生产资料、生产结构等条件的变化，农业劳动力的需求量和供给量也将发生变动[①]。

农业就业是指农业、畜牧业、林业和渔业生产农产品所使用的有效劳动力投入，以每劳动力/年的形式衡量。农村农民失业，即农村剩余劳动力，他们持有农村户口、居住在农村地区，名义上属于就业状态，但在农业、林业和渔业生产中属于过剩劳动力。农村新增劳动力，是指既可以寻求农村类型的就业，也可以寻求城市类型的就业[②]。这是因为一些城市企业可能雇用来自农村地区的新增劳动力，并使其获得城镇户口。拥有大学学历的农村新增劳动力可以成为城市熟练就业者，并获得城镇户口。

因此，农村剩余劳动力，是指农村总就业人口排除农业就业者、农村非农业就业者和农村—城市就业者后剩余的人数。一般而言，农业就业者和农村剩余劳动力被视作内生变量，而农村总就业人口、农村非农业就业者和农村—城市就业者则是外生变量[③]。

从传统农业耕作看来，农业首先是指农业劳动者和他们的家庭，农业的繁荣首先就应该表现为农业劳动力的繁盛，而眼下大量农田荒芜的景象则让他们想起苦难和饥荒。然而，现代农业技术人员和改革者对劳动力的流出，持更加乐观的态度。因为现代技术的发展意味着农业劳动不再需要大量的劳动力，而可以更多地依赖生物技术与机械化程度，因而农村劳动力的流出，实际上为农业生产的规模化和集中化提供了机会[④]。

例如，同样的农地面积，蔬菜种植所需的劳动力大约是谷稻的8倍，而

① 中国大百科全书（精粹版）[M]. 北京：中国大百科全书出版社，2012.

② 夏南凯，王岱霞. 我国农村土地流转制度改革及城乡规划的思考[J]. 城市规划学刊，2009，3：82-88.

③ 农业就业：此种类型的就业人口包括持有农村户口，居住在农村地区并从事农业、林业和渔业活动的劳动力；农村非农业就业：此种类型的就业人口包括持有农村户口，居住在农村地区并从事工业和服务业类型工作的劳动力，受雇于乡镇企业的劳动力占这种就业人口的主体；农村—城市就业：此种类型的就业人口包括持有农村户口，但在城镇地区从事工业和服务业工作的劳动力，本类别代表农民工。

④ 傅伯杰等. 黄土丘陵沟壑区土地利用结构与生态过程[M]. 北京：商务印书馆，2002.

饲养行业与温室培植所需的劳动力，以土地面积算，需要的劳动力则更多。传统农业生产工具机械化后，会让更多的劳动力赋闲。以养牛为例，美国养一头牛所需的土地面积大约是中国的三十亩，一人管理牛的数量却是中国的十几倍。

假设某个时间段里，耕地总量保持恒定，生活来源全部依赖于土地的农业生产，那么当下的生产技术即决定了生产力与土地的量化关系。随着农业生产力水平提高，土地单亩耕作的劳动力需求，相对以往有了大幅度下降，劳动力被动闲暇状态出现，即剩余劳动力出现。因为绝大部分农村家庭有地，农村的剩余劳动力很少以完全失业的形态存在[①]。农村剩余劳动力的主要存在形式是就业不充分，即隐性失业。所以，剩余劳动力出现的根本原因是在耕地量恒定状态下，农业劳动生产率提高。

4.4 农业经济低效——城镇化与国家政策的效应

4.4.1 黄土沟壑区基层村农业经济效益评估

劳动力、化肥、农业机械、灌溉技术都是决定粮食单位亩产量的要素。真正的农村经济是一种没有浪费和没有不可降解之物的经济。

洪水泉村劳动生产方式经济效益调查数据分析表 表4-6

劳动生产方式	纯种地	养羊+种地	外出务工+种地	合计
户数（户）	28	78	119	225
占总户数（%）	12.4	34.7	52.9	100
户均纯年收入（元）	3300	30500	27500	—

资料来源：根据水洼村2009年调查资料整理

水洼村劳动生产方式效益调查数据分析表 表4-7

劳动生产方式	纯种地	果业+种地	养殖业+种地	果业+养殖+种地	合计
户数（户）	2	202	20	266	490

① 夏南凯，王岱霞．我国农村土地流转制度改革及城乡规划的思考[J]．城市规划学刊，2009，3：82-88.

续表

劳动生产方式	纯种地	果业+种地	养殖业+种地	果业+养殖+种地	合计
占总户数（%）	0.41	41.2	4.08	54.31	100
户均年收入（元）	5160	23400	19400	27520	—

备注：每户4.5人. 资料来源：根据水洼村2009年调查资料整理.

洪水泉村调研实测人口585人，常住户106户，户均5.5人，务工者每户年纯收入为27500元。洪水泉村养羊产业已初具规模，村中户户养羊，年出栏羊11000余只，每只羊200元（2011年市场价格）利润。洪水泉村现有耕地4000亩，户均耕地37.7亩。

洪水泉村务农户年纯利润分为两部分：其一，粮食生产。不计劳动力价值的情况下，纯收入为80~100元/亩。户均耕地面积37.7亩，户均年纯利润3016~3770元；户均人口5.5人，人均年纯利润548~685元。其二，养羊产业。以单位羊成本收益为研究对象，则100只羊养殖规模养羊户年纯利润15900~27600元，人均2890~5018元。

按人均收入最大值计算，洪水泉村务农年人均纯利润和户均纯利润分别为5703元、31370元。洪水泉村人均收入仅为平安县城市居民人均收入的1/2。

洪水泉村劳动生产方式经济效益调查数据分析表（一） 表4-8

劳动生产方式	纯种地	养羊（兼种地）	外出务工	合计
户数（户）	28	78	119	225
占总户数（%）	12.4	34.7	52.9	100
年纯收入（元/户）	3300	30500	27500	—

资料来源：根据水洼村2009年调查资料整理

全村人均耕地3亩多，总耕地面积6500亩，其中苹果种植面积3200亩，玉米种植面积1200亩，小麦种植面积800亩，瓜果蔬菜等经济作物种植面积1300亩。

2008年，全村人均纯收入2800元，其中苹果收入1427元，占51%；养猪收入907元，占32%；劳务和其他收入466元，占17%。2009年底，全村农民人均收入达到4500元，较2007年增收1500元，年增30%，预计2010年人均收入将突破5000元。

水洼村劳动力1128人，其中果农423户，占总农户的86%；既种植苹果又同时养猪的兼业农户266户；专业种植苹果农户202户，全村共有养猪户286户。劳动力类型主要有果农户、养猪户、果农兼养猪户，辅以其他类型农户，如养牛兼务果农户，养鸡兼务果农户等。全村共有养猪户286户，户均存栏17头猪（表4-6~表4-9）。

洪水泉村劳动生产方式经济效益调查数据分析表(二)　　表4-9

名称	合作社	普通农户
苹果种植效益（元/亩）	5000~6000	2500~3500
生猪养殖效益（元/头）	400~600，但猪的产出量高	400~600

资料来源：根据洪水泉村2010年调查资料整理

4.4.2 基层村家庭经济来源的结构分析

农民家庭形成半农半工分工模式的主要原因是：

1. 尽管非农就业日收入水平明显高于务农收入，但多数农民家庭还不能靠非农收入在城市养活全家。农民家庭不适于进城就业的老人小孩需要留在家里降低全家的生活成本。

2. 现今的耕作方式劳动强度大大减弱，每户平均耕地少，留守老人、需要留在家承担家务的妇女，以及在本地非农就业的家庭成员足以维持种植业。维持农业既可以补充家庭收入，又使得这些不适合外出就业者或非农就业收入不稳定者增加了就业机会。

3. 非农就业收入虽然成为农民家庭的主要收入来源，但仍然不够稳定。多数农民家庭需要保留土地作为失业和返乡保障。

中国农村形成半农半工的家庭分工在特定的经济发展阶段有其经济和社会的合理性，也是中国至今没有发生过度城市化问题的重要原因。而之所以中国农村能够形成半农半工分工模式，其基础是土地承包制使得农民家家有地。

调查样本按2012年总人口平均的人均年收入10751元计算（包括农民家庭非常住人口收入），其中：农业纯收入2079元，占人均年收入的19.3%；非农收入6751元，占62.8%；转移收入729元，占6.8%。其中来自政府、社保的转移收入371元，占3.5%，如果按常住人口平均，来自政府、社保的转移收入为人均432元，对于贫困户，这是一笔重要的收入。

财产性收入950元，占8.8%。财产收入中主要部分是利息收入（注：问卷对利息收入的定义是“银行存款和债券利息、借钱给别人的利息、股票的股息分红”）。利息集中在一小部分农民家庭。71.8%的农户没有利息收入，7.7%的农户占了利息收入的87.1%。出租收入仅占财产收入的5%，是因九成以上有地户仍自己耕种土地，且部分土地流转后不收地租。其他收入242元，占2.3%。

年收入中农业纯收入占比已经不足20%，而非农收入占了六成以上，平均来说农民家庭的非农收入已经相当于农业收入的3倍。

农业收入仍大于非农收入的农户大体占三成，近七成农户的非农收入超过农业收入；三成农户非农收入占年收入80%以上。收入结构的这种变化非常重要，这给农民从主观意识到实践行为都会带来重要影响（表4-10）。

洪水泉村、水洼村人均年收入来源调查数据分析表 表4-10

村名	分类	人均总收入	其中				
			农业性	非农性	转移性	财产性	其他
洪水泉村	收入（元/年）	6500	1255	4082	442	572	150
	占总收入比例	100%	19.3%	62.8%	6.8%	8.8%	2.3%
水洼村	收入（元/年）	4500	788	2894	310	382	126
	占总收入比例	100%	17.5%	64.3%	6.9%	8.5%	2.8%

资料来源：洪水泉村人均年收入数据根据2010年调查数据整理，水洼村人均年收入数据根据2009年调查数据整理

以洪水泉村为例，除去吃饭、生活必需品购买之外，村民日常生活中固定支出的项目包括：生活用电电费0.5元/度；水费每户平均30元/年，主要因为当地气候原因，每年3月到8月是自来水供应期，当年9月到下一年2月份，村民日常生活都是用水窖中的水；冬季取暖用煤，如果加上运费50

元，按照370元/t计算，1t煤可以自己打500个圆煤球，整个冬季常住家庭需要2t煤，共计740元。

中国基层村的唯一出路，是要有一个制度能给他们每个人自力更生的机会。2000年开始的时候，农民的收入只有200元一个月，现在1000元左右，相当于城市收入的2000元。因为农民住房便宜，吃饭的食品也便宜，所以假如农民人均收入如果增加到两三千元一个月，整体形势就会很好了，而做到这一点应该不会太难。

根据经济学家的估算，当农业人口规模下降到总人口的40%左右，每个月的人均收入大致应该是当前收入的2倍。如果以一家4口人估算，且保持比较好的饮食水平，这部分的消费大致占家庭月收入的20%，因为农民购买粮食较便宜或者可以自己供应。住房的消费大约是月收入的25%，相当于一家四口住在100m^{2}左右、市场价值12万的房子中。水电等生活杂费占约5%，剩余50%的家庭收入可以作其他用途。这样基本达到生活小康的水平①。

4.4.3 国家农业政策的演变分析

中国农业现代化的政策起伏比较大。在1949～1977年间，中国农业学习苏联模式，从“农业合作社”到“人民公社”，属于计划经济和集体经济型农业现代化②。在1978～2001年间，中国实行改革开放政策，采取“联产承包责任制”，属于商品经济和小农经济型农业现代化，农业市场化程度提高。2002年以来，中国逐步采取世界贸易组织的农业贸易政策，参与农业经济的全球化，取消农业税，增加农业补贴，提高农业国际竞争力和农民收入水平，改善农村基础设施。我国的农业政策演变具有明显的阶段性。

从改革开放以后（1978年至今）再分析，国家农业政策大体有三个关键政策时期（图4-7）：

---

① 张五常．中国农民系列——舍农从工的考虑．张五常Steven N.S.Cheung新浪博客．http://blog.sina.com.cn/s/ blog_47841af7010003rk.html.

② 武力．过犹不及的艰难选择——论1949~1998年中国农业现代化过程中的制度选择［J］．中国经济史研究，2000，2：61-66.

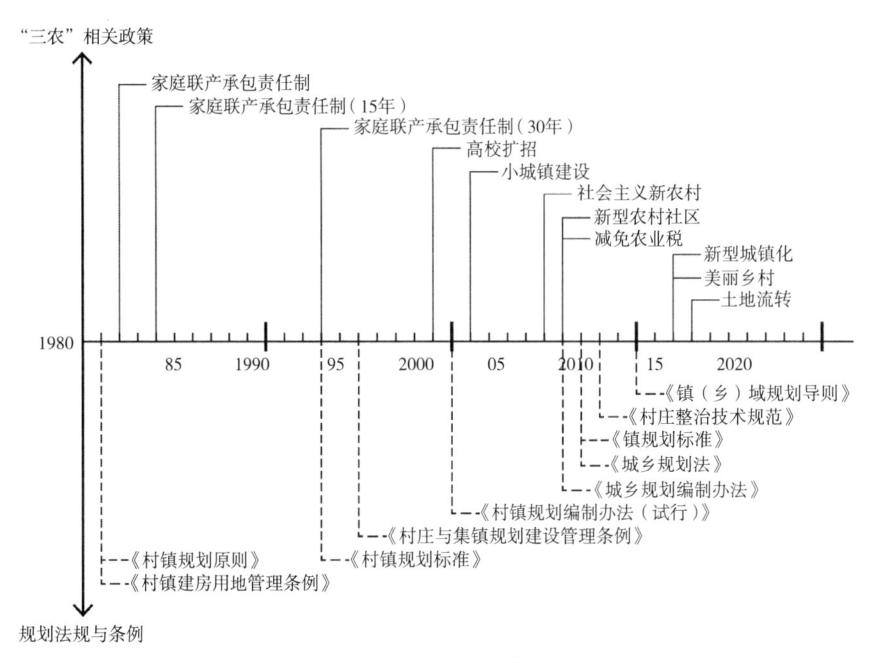

图4-7 规划法规条例与三农政策时序对比图

资料来源：笔者自绘

第一阶段为，**家庭联产承包经营为主导的农村经营体制改革，土地承包期30年不变**[①]。"让少数人先富起来，重点先建设一些地区"，是这个阶段国家政策的核心，因此农业政策、人力、物力都会比较倾向于某些重点地区。经历十年左右的发展历程，国家的国库已经比先前充裕起来，被倾向扶持的某些重点地区的基层村也发展起来。遗憾的是黄土沟壑区不在政策倾向的地域选择中。

第二阶段为，**实行以农村税费改革为核心的国民收入分配关系改革，中国农业历史上首次进入减免赋税的政策时代**[②]。这项变革对基层村的深远影响包括：其一是这些年因为大量农民转往工业，不少农地被弃置了。取消了

① 周应恒，赵文，张晓敏．近期中国主要农业国内支持政策评估[J]．农业经济问题，2009，5：18-22.

② 崔丽，傅建辉．浅释传统农业经济效益低下的原因[J]．广西社会科学，2006，131(5)：49-52.

农业税，弃置了的农地又再被耕耘起来。这也是农民大量转业而农产品还继续上升的一个原因。其二是取消了农业税，农地的租值上升。有了农地的转让或出租权，租值上升会鼓励农地的合并使用，也会加速农转工的走势。雇用农工今天开始普及了[①]。

第三阶段，**实行以促进农村上层建筑变革为核心的农村综合改革，即新农村发展时期**[②]。这个阶段初期的政策是政府直接给予资金支撑，即行政拨款。资金是促进发展循环的兴奋剂。对过去没有受到政策倾斜公平待遇的、条件差、一直缺乏发展机会的贫困落后地区的农村，给予政策倾斜和拨款帮助，鼓励地区自发展。

2006年开始，新农村建设发展的脉线，反映出国家近十年政策变化的新思路，即解决发展的不均衡问题：城乡差异，东西部差异，阶层贫富差异，国家公共资源分配不均衡等。规划与建筑实践是落实新农村建设思想的重要领域，以西安为例，当年曾以每个基层村7000元、总设计费800万元的规划费用，对西安市进行全覆盖式新农村建设规划编制工作。

基于对基层村发展的预测，农村显然存在这样的矛盾关系：在未来二十年到三十年时间的消解发展期，应该有数以亿计的农村人口要迁移到城市，那么在此期间基层村该怎样建设？举例来说，基层村公共服务设施低端并且不完备，不具备服务当前人口规模的能力。如果花费大量时间、资金、资源来建设，建设期间人口可能已经流转到城市，刚刚建好的公共设施谁来使用？新建即空置的建筑，会造成土地、建筑材料、环境等的新浪费。如果因为预测到人口会大量迁移离开，而停止或滞后建设，那么基层村的现状会继续加速恶化，生活在这里的人们陷入恶性循环，越差越不愿建设，越不建设越差，那些还要继续生活在农村的人们，怎样解决这个问题？基层村外部的发展动力，包括国家政策、外部资金、规划技术支撑、建筑技术标准等，在消解期投入基层村建设，究竟有没有价值？如果这些大量资源用在帮助农村人口迁移进入城市上，是不是会有更好的效

---

① 引自张五常《农村系列》. http://blog.sina.com.cn/s/articlelist_1199839991_7_1.html.

② 中共中央关于制定国民经济和社会发展第十一个五年规划的建议，2005.

益？基层村在消解期到底应该建设什么，怎样建设？这些都值得学界思考，国家的发展战略也应考虑这一点。

4.4.4 城镇化引起的农业产业经济效益低下的相对扩大

经济学界一般认为，传统农业经济是指以世代相传的生物和自然生产要素为基础、以自给自足生产为目的、以封建租佃和小农生产为经营方式的相对静态的农业经济。它外在表现为生产工具简陋，劳动者知识初级，生产技术原始，劳动力投入巨大，生产方式封闭僵化，经济发展缺乏外部刺激，农民世代使用的传统农业经济所包含的各种类型的农业要素投资的收益很低，农民倾向于并在事实上已经耗尽他们所能支配的包括自身在内的一切生产要素的有利性，扩大再生产难以发展，生产力水平长期停滞不前[①]。

根据生产力的性质和状况，农业可分为古代农业、近代农业与现代农业。近代农业指由手工工具和畜力农具向机械化农具转变、由劳动者直接经验向近代科学技术转变、由自给自足的生产向商品化生产转变的农业；现代农业指广泛应用现代科学技术、现代工业提供的生产资料和现代生产管理方法的社会化农业。

由于近代农业生产方式下黄土沟壑区农村劳动力从事农业生产绩效低下的原因，城乡劳动力人均劳动收入出现巨大势差，导致农村劳动力人口的全面流失，从而引发农村的衰落，进而衍生农业的衰落、粮食与生态安全危机。由此可见，城镇化引起的农业产业经济效益低下效应的相对扩大，必须用过农业现代化与城镇化同步推进，才能结构性调整农业产业经济效益的低下。

表4-11描述了黄土沟壑区陕西蒲城县农业劳动力的经济效益。蒲城是陕西省传统农业大县，从它的劳动力农业生产水平中可以看出，黄土沟壑区的农业现代化程度还是相对较低的。

---

① 崔丽，傅建辉. 浅释传统农业经济效益低下的原因[J]. 广西社会科学，2006，131(5)：49-52.

蒲城县农业生产劳动力能力分析表　　表4-11

农业生产类别	粮油棉作物			林果业作物			
	小麦	玉米	棉花	酥梨	苹果	葡萄	核桃
人均最大耕作（养殖）量	5亩	3亩	3亩	10亩	5亩	3亩	20亩
	（人力耕作）	（人力耕作）					
	40亩	40亩					
	（机械化耕作）	（机械化耕作）					

农业生产类别	畜牧业					设施农业	
	肉鸡	蛋鸡	生猪	牛	羊	设施蔬菜	设施西甜瓜
人均最大耕作（养殖）量	60000只/年	7500只	200只/年	25只	50只	4亩	5亩

资料来源：根据2013年蒲城农业生产调查数据整理

4.5 小结

本章从黄土沟壑区基层村的末端角色、条件约束、劳动力剩余和农业经济低效等方面展开分析研究，主要结论有如下几点：

其一，没有发展机会，没有就业机会，人们就没有在此居住的动力，黄土沟壑区基层村在城镇村体系中的末端角色决定了它消解的格局。

其二，黄土沟壑区的自然地理条件局限着农业机械化的发展，局限着工业化的发展，局限着农村就地城镇化的发展，局限着规模化农业的发展，局限着村镇基础设施现代化与高效化的发展，局限着经济收入多元化的发展，局限着缩小地区差和城乡差的可能性，局限着人居环境规模化集约的可行性。

其三，人地关系是农业体系架构的核心，剩余劳动力是形成人地关系的基础，是催生基层村消解的动力根源。

其四，城市经济的优势与农业经济的低效，农村家庭在改革开放后家庭经济来源的多元化，城镇化的催化剂等因素是黄土沟壑区基层村消解的重要动力和因素。

5 黄土沟壑区基层村绿色消解模式与规划方法

在科学的范畴内，问题来来去去只为一条，即“为什么是”。“怎么办”是工程学的问题，而“好不好”则是伦理上的问题。规划学科与建筑学科是工程学，理应回应基层村消解“怎么办”的问题。

局限条件质变是产生变革的基础。基层村消解是新问题，现行的规划方法对此无解。黄土沟壑区基层村消解更是难题，实现绿色消解，规划技术方法对外应该身处一个系统，对内需要有一个格局。

如果对外部的系统和内部的格局都没有认识，甚至连去认识的意识和能力都没有，只是线性地作出反应，那么后果如何，只能是在做一件一件局部的、缺少关联性、不能自主积极演进的事情。

5.1 黄土沟壑区基层村消解期发展的关键科学技术问题

消解期基层村发展不确定性的存在，意味着我们不得不预测未来的需要。

5.1.1 基本认识——寻求面向发展的积极消解之路

从整体格局看，城乡是一个有机的复杂的巨系统，当农村这个子系统变得无法自我发展、自我疗愈、自我管理、自我修复的时候，所有的后果成本都是由全体人来承担的，这个“全体人”既包括今天被称之为“城市人”的人们，也包括被称之为“农村人”的人们。这个后果将以整体系统最终的、相当具有灾难性和毁灭性的面目呈现在人们面前，付出的成本代价是人居环境的畸形发展。

从科学发展观看，《黄帝内经》中的“发陈出新”一词，说出了事物发展的本质。意思是新的东西是从陈的东西生发出来，而不是新长出来，不是天上掉下来的。这说明任何一个真正有效率的事物，都不是设计出来的，而是一步一步逐渐试错试出来的，农村发展也是这个道理。

从自然与历史发展观看，今天农村的发展形势是几千年中国历史上从未出现过的。农村的发展变化不像城市那样，有一定规律，有计划可循，其特质是随机的，不规律的和相对缓慢的。中国农村的问题，需要通过研究来认识农村现实，通过引导来增加农村的自发展能力，找到一种相对科学适宜的发展方式，建设一种平台，让所有的农村地区都有相对公平的发展机会。

从社会变迁的宏观角度来看，基层村消解问题的产生并不单单来自基于三个共识的前提下：其一，影响基层村消解的因素不是单一的、简单线性的；其二，在诸多影响因素中，人口规模及其减少只是其中之一；其三，在不同的时期或不同的地区，导致基层村在消解中资源恶化的主要原因会有所不同。

从规划与建筑专业领域看，基层村消解是新形势下的新问题，但很明显，农村问题是无法通过规划手段来根本解决的。几千年以来，乡村因为其发展的缓慢性、稳定性和确定性，从不需要，也从未出现过农村规划。短短近二三十年，在乡村发展不确定性、不稳定性和快速这个新形势出现后，农村规划被催生。当农村规划把认知不清的事实和只靠判断、不靠知识进行的行动，导入基层村的发展建设中；以持续发展中有价值的许多东西为代价，换取短期的农村硬件条件的发展，已经给基层村带来摧毁性打击。

农村规划遵循的国家规范、法规条例和技术编制办法，源于套用城市的规划技术标准。客观地讲，今天我们还没有一种确切的技术能力，可以有前瞻性地准确预测未来；也缺乏一种技术手段，可以领导性地解决这些新问题。对基层村消解的认识，是农村规划应该思考的本质问题。

消解打破了基层村的旧格局，形成了新态势。消解期的关键科学技术问题，不是追求一种结论，而是为基层村寻求面向发展的积极消解之路，提供一种看问题的角度和建议。

5.1.2 基层村建筑生活系统消解期的人口流变规律

对应前文3.1节对城镇化进程中黄土沟壑区基层村的类型总结，本小节将对现代农业发展型、生态发展型和旅游发展型基层村的人口流变规律，进行图解分析。需要强调是，这是基于黄土沟壑区基层村现状条件，对未来二三十年进行的一种预测。过长时间甚至对终极情况的判断，并不符合规划研究的科学性要求。

在图解中，基层村发展的“时序”用横轴来表示，这个轴可以无限延续到未来。基层村人口变化用纵轴来示意，它们并不是确切的数据，也没有与具体时间对应，而只是用图示手法，形象化地表现出对人口消解的趋势预测。①②等数字符号示意的是消解处在不同时期，A、B等表示消解期人口流变的某个关键点。

现代农业发展型基层村，其建筑生活系统消解期的人口流变预测规律如图5-1所示。①表示传统农业时期，对应的人口状态相对稳定。②表示第一个消解周期。当现代化与城镇化影响基层村，基层村开始消解时，人口减少趋势如BC段示意。③表示现代农业生产水平等与基层村人口规模达到均衡时，对应的人口状态再次相对稳定。④表示在下一轮消解周期，因为现代化农业生产系统继续优化，基层村人口规模继续减少。

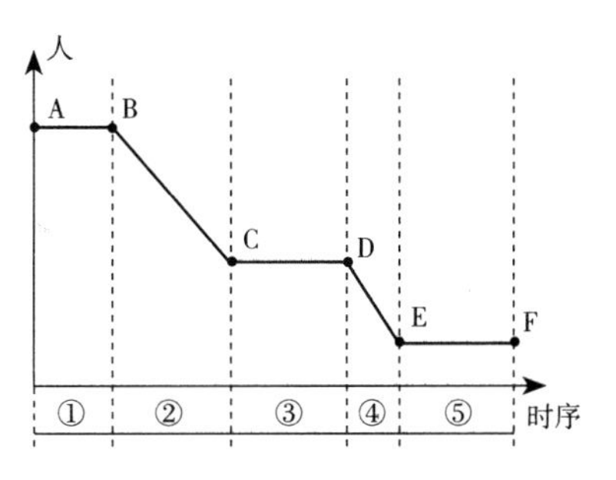

图5-1 现代农业发展型人口消解图解

资料来源：笔者自绘

可以肯定的是，现代农业技术无论发达到何种水平，这种类型的基层村，人口最终是不可能消解到没有人的状态的，但可能会减少到状态E，使得人地关系进入动态平衡，⑤表示的正是未来某个时间段里的这种状态。

生态发展型基层村的人口流变趋势比较明显，其建筑生活系统消解期的人口流变预测规律如图5-2所示。这类基层村的人口最终将会全部离开，基层村的建筑生活空间或者转变成为

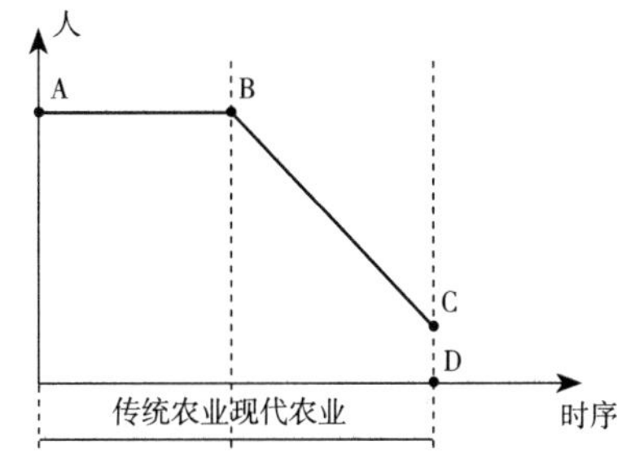

图5-2 生态发展型居住人口消解模式图

资料来源：笔者自绘

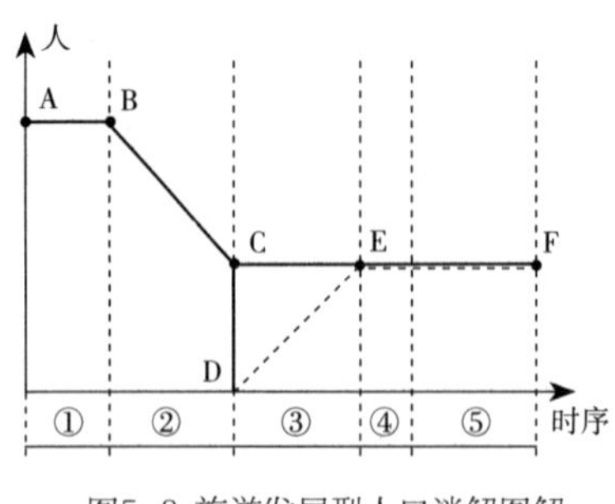

图5-3 旅游发展型人口消解图解

资料来源：笔者自绘

生产服务基地，或者被拆建消失，返还给生态用地。需要说明一点，当人口规模减少至C点时，人口的减少不会继续维持BC的减少速率，而是会一次性搬离，当然这需要政府相关政策等的外力帮助。

旅游发展型基层村，其建筑生活系统消解期的人口流变预测规律如图5-3所示。①表示传统农业时期，对应的人口状态相对稳定。②表示第一个消解周期，当人口减少到C点状态，一部分人可能选择城镇化，离开基层村，用线段CD表示；另一部分人继续留在村里，不过从事的是本村的旅游等三产类服务工作，用线段CE表示。③代表基层村“农业+旅游”的混合发展阶段，两个产业平行发展，没有主导性区分。此时有外来人口因为旅游服务产业而加入基层村，用虚线段DE表示。④代表旅游发展主导时期的基层村人口规模和构成。

黄土沟壑区消解期人口流变的整体规律包括：

规律一，随着黄土沟壑区广大农村地区的日益空虚化，一些最偏远的农村地区面临着一场艰难费时的人口流转的战斗。黄土沟壑区很多农村地区不能吸引工人，因为那里没有工作；工商企业也不会迁往那里，因为那里没有足够的合格工人。因此它们呈下螺旋形变化。

规律二，农民就近向具有这样特征的小城镇流动，如较小但靠近工作和大城市便利设施（如购物、文化活动、大型城市活动和娱乐集会等）的城镇，因为那里有自己供得起的住房和工资满足适居生活要求的工作。

研究消解期人口流变规律，对于城乡规划学的价值与作用就在于，中国基层村人口流转是所有农村问题思考的基础和出发点。人口流动是社会发展的必然结果，有利于劳动力资源配置和社会均衡发展。

5.1.3 基层村建筑生活系统绿色消解模式

从传统单一农业转型为小型机械加人工化的现代生态农林业，必然带来支撑人口数量的减少和素质的提高；从过去靠天地吃饭转型为靠农林产业收入与国家生态补贴生活，人口的动态平衡稳定局面就会呈现；从依赖土地求生存的农民转型为国家生态安全保护的工兵，劳动的目标、内容以及劳动者的角色均会发生巨变；从传统黄土高坡农家式落后生活模式转型为农林产业基地式现代化生态聚居生活模式，乡村基本聚居单位空间布局结构及规划模式必然发生根本性的变化。

政府职能管理部门应对转型问题，一直以来通用“简单拆除与单一复耕”的方式，耗费巨资进行村落拆除并需要处理后续产生的大量不可消解类建筑垃圾。仅以人口约391.633万、面积约5.385万km^2的陕北黄土沟壑区进行估算，按照该地区行政村密度0.26个/km^2、村落平均总用地中户均窑（居）舍占地25.8%的相关统计数据①，全面空废后移民村落整体废弃窑（居）舍建筑面积逾千万平方米，由此引起的拆除复耕成本过高，且不现实、不合理；生态环境面对大量不可消解类建筑垃圾污染的净化压力巨大，与复耕政策初衷相背离。

复耕后相当比例的村落又因现代大农业生产发展的需要，一方面再次耗资购买建筑材料，新建相配套的生产服务设施，包括养种植生产建筑物、农资库建筑物、临时生产服务点、农业生产道路与生产基础设施等；另一方面被迫舍弃了农村地区传统的建房材料再利用理念，即将拆除的生活建筑材料循环再利用到新建的生活建筑或生产建筑中，由此造成的生产服务设施建设困难将导致黄土沟壑区现代大农业发展延缓，尤其不利于欠发达地区复耕政策造福民生经济效益的最大化。

移民村落风土文化遗存、典型民居建筑、古树等被不可再生地摧毁，导致转型绩效低下、风土文化破坏的严重后果。在规划及建筑设计专业领域，空废的移民村落在现行规划编制体系中尚无章可循，当前村镇规划编制理念主要还是秉承增长发展、扩大新建的理念，基本只关注移民搬迁后的新规划，对大量空废的移民村落没有规划理论、应对方法与示范性案例实证研究。

---

① 张慧. 1990—2010西北地区人口数量与空间集疏变化时空距离[J]. 干旱区资源与环境，2013，27(07)：33-39.

5.1.4 消解期基层村规划模式

规划的本质被认为是“为实现一定目标而预先安排行动步骤并不断付诸实践的过程”，即规划在本质上是一个未来目标导向并付诸行动的社会实践过程[①]。规划理论本身包括了两个方面的内容，一方面是规划学科自身的理论，一方面是为了编制各种规划而对规划编制对象进行的理论研究。消解期基层村规划的原理与方法属于后者。

荷兰规划教授法吕迪（Faludi，1973）的研究指出，规划可以有两种理解，与此相对应，规划理论也有两种。**一种规划是“规范性”**（normative）**的，目的是在理性选择的框架内，为规划工作自身制定目标，研究“为何做规划”。“规范性”的规划理论被称为“规划的理论”**（theory of planning）。**另一种规划是“功能性”**（Functional）**的**。**规划具有已知工作目标，规划师在给定目标的条件下，研究“如何做规划”，对应的“功能性”规划理论被称为“规划中的理论”**（theory in planning）[②]。这是本章及后续章节的研究重点。

从表5-1中国近三十年基层村规划的编制历程分析中可以发现一个规律，就是在惯性的使用一种规划理论时，我们常常忽略对其赖以成立的基础的考察。这种“被惯性使用的规划理论”，是指城市的规划理论和方法。而“忽略对其赖以成立的基础的考察”，是指在农村地区，城市的规划理论和方法是否还能直接使用，是否还能适用。

既有的对规划理论的历史发展研究成果总结出，当规划工作的对象发生了变化，“规划中的理论”一定会随着发生变化。这里说的变化指两种情况：一种是同一范畴内同质对象的不同，例如发达国家与落后国家的城市，同一城市处在近代与现代时期等。还有一种是对象本质上的差异，使得它们根本就不在同一范畴内，例如城市与乡村。

表5-1和表5-2分析了近30年村镇规划的编制内容，按照法规、技术标准的颁布时间，主要从基本内容、编制成果要求和应用情况三个方面对比分析。由此可以看出：基层村编制法规文件一般滞后于基层村的发展需要，往往是基

① 张庭伟. 梳理城市规划理论——城市规划作为一级学科的理论问题［J］. 城市规划，2012，36（4）：45-49.

② 同上.

于当时的矛盾问题采取的缓解办法；规划内容非常简单，并且直接引用城市的规划编制办法和技术标准；规划成果简化为“图—表—书”形式，并没有落实在基层村层面；规划编制技术术语与要求都采用概述的方式，没有量化的标准和依据；规划编制要求按照全覆盖形式执行，虽然初衷兼有行政管理的功能，但实际上规划执行期里，这些规划成果实效性很低；没有解决基层村关键问题，没有“生产—生活—生态”一体化发展的规划引导与技术支撑。

村镇规划编制内容对比分析　表5-1

<table>
<tr><th>阶段</th><th>标准</th><th>颁布年份</th><th>基本内容</th><th>成果体现</th><th>应用</th></tr>
<tr><td rowspan="5">起步完善阶段（1987—1997年）</td><td>《村镇建房用地管理条例》①
《村镇规划原则》</td><td>1981年</td><td>确定村镇规划分为总体规划和建设规划两个阶段</td><td rowspan="4">成果包括“两图一书”。其中“两图”指村镇现状图、村镇整治规划图，“一书”指说明书</td><td>1986年底，有90%的镇、70%的村庄编制了规划</td></tr>
<tr><td>《村庄与集镇规划建设管理条例》②</td><td>1993年</td><td rowspan="3">确定村镇规划分为总体规划和建设规划两个阶段</td><td rowspan="4">①1995年底全国78%的镇、59%的集镇，18%的村庄对初步规划进行修编或完善
②1996年底全国98%的县（市）和67%的镇（乡）设立村镇建设管理机构</td></tr>
<tr><td>《村镇规划标准》GB50188—93③</td><td>1993年</td></tr>
<tr><td>《建制镇规划建设管理办法》④</td><td>1995年</td></tr>
<tr><td>《村镇规划编制办法(试行)》⑤</td><td>2000年</td><td>①村镇规划完整成果包括：村镇总体规划、村镇建设规划
②确定镇总体规划包含镇域体系规划、驻地总体规划两个层面，镇总体规划成果直接指导镇的具体建设活动</td><td rowspan="2">成果包括“六图、文本、说明书及基础资料汇编”。
①村镇总体规划图纸包括：乡（镇）域现状分析图、村镇总体规划图
②镇区近期建设规划图纸包括：镇区现状分析图、镇区建设规划图、镇区工程规划图、镇区近期建设规划图</td></tr>
<tr><td>进一步探索阶段（1998—2007年）</td><td>《镇规划标准》GB50188—2007⑥</td><td>2007年</td><td>重视镇区规划</td><td>—</td></tr>
</table>

① 中华人民共和国国务院. 村镇建房用地管理条例[S]. 北京，1982.
② 中华人民共和国建设部. 村庄与集镇规划建设管理条例[S]. 北京，1993.
③ GB50188-93. 村镇规划标准[S]. 北京：中国建筑工业出版社，1993.
④ 中华人民共和国建设部. 建制镇规划建设管理办法[S]. 中华人民共和国建设部令(第44号)，1995.
⑤ 中华人民共和国建设部. 村镇规划编制办法(试行)[S]. 北京，2006.
⑥ GB50188-2007. 镇规划标准[S]. 北京：中国标准出版社，2007.

续表

阶段	标准	颁布年份	基本内容	成果体现	应用
进一步探索阶段（1998—2007年）	《村庄整治技术规范》GB50445—2008[①]	2008年	技术规范突出村庄环境整治规划	成果包括"三图、三表、一书"。其中"三图"指村庄现状图、村庄整治规划图和设施图，"三表"指主要指标表、工程测算表、建设的计划表，"一书"指说明书	—
城乡统筹阶段（2008年至今）	《镇(乡)域规划导则（试行）》[②]	2010年	明确了镇（乡）规划编制内容	成果包括文本、图纸（十一图）和说明书	—
	《城市、镇控制性详细规划编制审批办法》[③]	2010年	提出将功能控制、用地指标、城市运行基本保障设施、"四线"作为控规的基本内容	成果包括文本、图表、说明书以及各种必要的技术研究资料构成	—
	《村庄整治规划编制办法》[④]	2013年	村庄整治要保持乡村特色，保护和传承传统文化，明确对村庄整治要避免大拆大建	成果包括"一图二表一书"。其中"一图"指整治规划图，"二表"指主要指标表、整治项目表，"一书"指规划说明书	—

备注：《镇(乡)域规划导则(试行)》中的图纸（十一图）包括：区位图、镇（乡）域现状分析图、镇（乡）域经济社会发展与产业布局规划图、镇（乡）域空间布局规划图、镇（乡）域空间管制规划图、镇（乡）域居民点布局规划图、镇（乡）域综合交通规划图、镇（乡）域供水供能规划图、镇（乡）域环境环卫治理规划图、镇（乡）域公共设施规划图、镇（乡）域防灾减灾规划图

所有关于农村的规划法规等的编制，应该是对农业产业经济结构变化这一过程的一种积极反应。粮食生产和农业产业发展不是规划学科和建筑学科的研究范畴，但解决与此相应的基层村物质空间发展是我们应该着重研究的领域。

---

① GB50445-2008．村庄整治技术规范［S］．北京：中国标准出版社，2008.

② 中华人民共和国住房和城乡建设部．镇（乡）域规划导则（试行）［S］．中华人民共和国住房和城乡建设部建村［2010］184号．北京，2010.

③ 中华人民共和国住房和城乡建设部．城市、镇控制性详细规划编制审批办法［S］．中华人民共和国住房和城乡建设部令（第7号）．北京，2011.

④ 中华人民共和国住房和城乡建设部．村庄整治规划编制办法［S］．中华人民共和国住房和城乡建设部建村［2013］188号．北京，2010.

基层村相关规划编制技术对比分析 表5-2

名称	颁布时间	技术编制属性	内容规定												
			人口					用地						公共服务设施要求	空间布局
			数据来源	定量	计算方法	计算公式	原则性指导意见	数据来源	定量	计算方法	计算公式	用地性质	原则性指导意见		
《村镇建房用地管理条例》	1982年已废止	条例导则	○	○	○	○	○	○	○	○	○	○	●	○	○
《村镇规划原则》	1982年已废止	条例导则	○	○	○	○	○	●	○	○	○	○	●	●	原则性指导
《村庄与集镇规划建设管理条例》	1993年在用	条例导则	○	○	○	○	○	○	○	○	○	○	○	○	○
《村镇规划标准》GB50188—93	1993年已废止	条例导则	○	●	按公式计算	$Q=Q_0(1+K)n+P$	●	○	人均用地m^2/人	○	○	9大类，28中类	●	●	原则性指导
《村镇规划编制办法(试行)》	2000年在用	条例导则	○	○	机械增长	○	○	○	按《村镇规划标准》	○	○	○	●	●	○
《城市规划编制办法》	2006年在用	条例导则	○	○	○	○	○	○	○	○	○	○	●	●	○
《镇规划标准》GB50188—2007	2007年在用	条例导则	○	●	按公式计算	$Q=Q_0(1+K)n+P$	●	○	人均用地m^2/人	○	○	9大类，30中类	●	●	原则性指导
《城乡规划法》	2007年在用	法律法规	○	○	○	○	○	○	○	○	○	○	○	○	○
《村庄整治技术规范》GB50445—2008	2008年在用	技术规范	○	○	○	○	○	○	○	○	○	○	○	●	○
《镇(乡)域规划导则(试行)》	2010年在用	条例导则	○	○	○	○	○	○	○	○	○	○	○	●	原则性指导

○ 无相关条例规定　　● 有相关条例规定

资料来源：笔者自绘

消解期基层村生产生活体系与目前基层村规划所遵循的“城市的”规划原理与方法，存在规划本体上的矛盾 ：第一，“农业生产”是基层村经济结构的主体。不论城镇化如何进行，不论基层村沿着怎样的方向发展，它的本质还应该是农村。而农村与城市的本质差异，宽泛地说，在于是否还有农业生产；严格地说，在于是否还进行粮食生产。城市经济结构里从未包括农业生产构成，更不用说将其提升到主体的地位，以此确定的功能、空间布局、系统关系等不可能直接适用在基层村。第二，基层村以“人口减少”为人口发展趋势。这与以“人口增加”作为理论假设前提的当前规划理论思想在本质上有冲突。第三，基层村以“人变地不变”为用地发展前提。这与“人口增加用地增加”沿用“城市的”规划技术回应思想有冲突。

5.2 “绿色”基础理论与基层村“绿色消解”概念

乡村对于中国人来说，可能是指一个具体的村庄，比如说我们来自于哪个村庄，出生于哪一个村庄。但同时在中国还存在一个普遍意义的乡，和一个与之相应的非常久远的农业文明结构。我们今天所谓的现代化或者是近代，也是从20世纪初才开始的，不过百余年的历史。

有一个公认的事实是，任何单独的一个学科，基本上没有能力洞察和把握今天中国乡村现实的复杂性和荒谬性。所以在本节，有必要引入其他相关学科的概念、思想和原则。

5.2.1 “绿色”内涵及其具象

绿色的内涵指一切与自然和谐相处、共同发展的过程。绿色在人类文明史上，是现代人类文明的重要标志。同时，绿色的概念也是一个不断发展变化的动态概念。

人类绿色发展的思想脉络经过两个阶段：第一阶段以20世纪60~70年代为背景，其观念建立在环境保护与人类发展分裂的思想基础上，发展与分裂是一对不可调和的矛盾，强调对生态环境的绝对保护。其技术观认为“人类的环境问题最终会因为技术的不断创新而得到解决，一切生态问题只是人类技术目前还没有发展到一定程度所造成的暂时性的问题”[①]。这个阶段绿色发

① 郝栋. 绿色发展的思想脉络——从“浅绿色”到“深绿色”[J]. 洛阳师范学院学报，2013，32(01)：6–10.

展的思想，以人类的利益标准作为尺度，没有从根本上突破工业文明的发展范式，只是认识到了环境的外在价值，因而在实践中逐渐走向极端，得不到广泛的支持。

第二阶段开始于20世纪90年代，以发展模式变革为导向，其核心思想是“将环境与发展作为一个系统中的要素来考虑”的整体观念，与之前的发展理念有质的区别。“高开采、高生产、高消费、高排放”为特征的传统工业范式，被认为在发展理念、价值观、技术范式和文化核心上，都是反生态的。因此，第二阶段绿色发展的思想实质是，“需要改变工业化运动以来的发展模式，对人类文明从物质层面、体制层面、技术层面、文化层面实行全方位的变革，从根本上解决环境与发展的问题”。面对资源极限和环境问题，我们可以用“低消耗、可循环、少破坏的绿色技术来应对”，同时建立“高效率、高效益、高碳汇”的发展模式。

绿色建筑的定义则是①：在建筑的全寿命周期内，最大限度地节约资源(节能、节地、节水、节材)、保护环境和减少污染，为人们提供健康、适用和高效的使用空间，与自然和谐共生的建筑。

5.2.2 “3R原则”

“3R原则”（Reduce、Reuse、Recycle），即“减量化原则、再利用原则、再循环原则”，是循环经济最重要的一种方法论②。

减量化原则（Reduce），要求用尽可能少的原料和能源投入来完成既定的生产目标或消费目的，进而从经济活动的源头就注意节约资源和能源的消耗。属于输入端方法，旨在减少进入生产和消费过程的物质量，从源头节约资源使用和减少污染物的排放。

再利用原则（Reuse），要求生产的产品和包装物能够被反复使用。生产者在产品设计和生产中，应摒弃一次性使用而追求利润的思维，尽可能使产品经久耐用和反复使用。属于过程性方法，目的是提高产品和服务的利用

---

① GB 50378—2006. 绿色建筑评价标准[S]. 北京：中国标准出版社，2006.

② 中国大百科全书（精粹版）[M]. 北京：中国大百科全书出版社，2012.

效率，要求产品和包装容器以初始形式多次使用，减少一次用品的污染。

再循环原则（Recycle），或称为资源化原则，要求生产出来的物品在完成其使用功能后，能重新变成可以利用的资源，而不是不可恢复的垃圾。属于输出端方法，要求物品完成使用功能后重新变成再生资源。按照循环经济的思想，再循环有两种情况，一种是原级再循环，即废品被循环用来产生同种类型的新产品，例如报纸再生报纸、易拉罐再生易拉罐，等等；另一种是次级再循环，即将废物资源转化成其他产品的原料。原级再循环在减少原材料消耗上面达到的效率，要比次级再循环高得多，是循环经济追求的理想境界。

“减量化、再利用、资源化”三原则，在循环经济中的重要性并不是并列的。循环经济不是简单地通过循环利用实现废弃物资源化，而是强调在优先减少资源消耗和减少废物产生的基础上，综合运用“3R原则”。因此“3R原则”的优先顺序是减量化—再利用—再循环[①]。

“3R原则”也是世界各国可持续发展战略的理论基础。美国将其应用在建筑方面的政策形式是：“对于低于最低能效标准的商业建筑，每平方英尺减免75美分，约占建筑成本2%[②]。”法国制定《国家可持续发展战略》（SNDD）[③]，其中第三项行动“国土领域的措施”中提出，“保护好文化遗产、控制城市的过分扩张、保护和管理好自然资源、促进有机农业的发展”；第七项行动则提出“农业和捕鱼业的措施”，即“采用新的管理模式促进生态农业的发展、制定减少和优化使用杀虫剂行动纲领、促进农业和捕鱼业注重可持续发展等”。

日本作为目前世界上循环经济最发达的国家之一，创造了世界最高的资源循环利用率。这个成果正是建立在“3R原则”基础上。2004年日本提出“3R倡议”，并作为重要指导理念，被应用在日本促进可持续经济发展的政策法规制定中，以指导构建循环型社会。这个理念贯穿体现在产品设计、制造、加工、销售、修理、报废等各个阶段，从而使资源达到最有效的利用。

---

① 中国大百科全书（精粹版）[M]. 北京：中国大百科全书出版社，2012.
② 何志濠. 寰球特写：可持续发展战略[J]. 广东科技，2010，228(1)：20-23.
③ （法）法国可持续发展部际委员会. 国家可持续发展战略. 巴黎，2003.

英国的经验是建立可持续发展战略编制体系，并且每5年重新修订一次。“无论是国家、区域或地方层次上的可持续发展战略，最终都要落实到社区层面上。因此，社区可持续发展是英国实施可持续发展战略的基础”[①]。

循环经济（Circular Economy）是对物质闭环流动型（Closing Materials Cycle）经济的简称[②]。它是以物质、能量梯次和闭路循环使用为特征的，以“资源—产品—再生资源”为主的物质流动经济模式。循环经济改变了传统工业经济高强度地开采和消耗资源，高强度地破坏生态环境的物质单向流动模式，即“资源—产品—废物”，使环境保护和经济增长得到了有机的结合。

“3R”原则可以在构建基层村绿色消解概念和原理中，对其内涵与内容进行解释与转化使用：

减量化——从开始投入进行量化控制，从根本上关系到农业生产劳动力、生产资料和人居建筑空间等系统的定位。基于生态农业和有机农业，预测黄土沟壑区基层村农业现代化趋势，进而农业的经营形式也随之确定，劳动力—耕地关系形成，人居建筑生活空间容量也得到控制，这样可以避免生产和建设浪费。

再利用——传统农耕时期原本就有的生产生活理念。以洪水泉村为例，村民新建房屋的建筑材料，至少15%~20%来自原来老屋拆除下来建筑材料，比较常见的是房梁、屋椽的木材、屋面小青瓦等。

再循环——没有资源和废物之分，垃圾是放错了地方的资源。一种东西对一个农业生产环节或建筑空间构成是废物，但是对另一个生产环节或建筑空间构成却是一种资源。以水洼村为例，村里小麦收获以后，粮食归仓，但麦子磨面后产生的麸皮，成为养猪的添加饲料原料；猪、鸡等养殖业生产环节产生的粪料，是苹果种植业的有机地肥，也是村民厨房里做饭烧水沼气生成的基本原料；村里一些空置的窑洞，成为农业小型机械化生产工具的集中储藏空间，村民也可在废弃院落里养鸡养牛。

---

① 同上.

② 李健，闫淑萍，苑清敏. 论循环经济发展及其面临的问题[J]. 天津大学学报(社会科学版)，2002，3：41-47.

5.2.3 资源与极限发展理论

“资源与极限发展”中的“资源”是指自然资源。1970年联合国对自然资源的解释是，“人在其自然环境中发现的各种成分，只要能以任何方式为人类提供效益的都属于自然资源。它既包括过去进化阶段中无生命的物理成分，如矿物；又包括地球演化过程中的产物，如植物、动物、景观要素、地形、水、空气、土壤和化石资源等”。也就是说，自然资源是指可以被人类利用的各种天然存在的自然物，而不是人造物[①]。由于自然资源的本质就是有限，因此关于“资源与极限发展”问题的讨论，根源就在于人类需求的无限与自然资源的有限之间的矛盾。

“资源与极限发展”的争论主要集中在两个重要方面：一方以 1972年《增长的极限》为代表。这个观点在西方经济快速增长的“黄金时代”背景下，对于工业社会以大规模资源消耗为特征的发展方式，以及长期流行于西方的增长理论进行了深刻的反思，独树一帜地提出要关注“增长的极限”问题。认为影响和决定增长的有五个主要因素，即人口增长、粮食供应、自然资源、工业生产和污染[②]。

另一方以1981年朱利安·林肯·西蒙《没有极限的增长》为代表。这个观点从实际和哲学的角度，着重论述了“无限的自然资源”和“永不枯竭的能源”，提出“从任何经济意义上讲，自然资源并不是有限的”，因为自然的蕴藏量无法准确地探测。同时，随着科技进步，新的资源会不断出现[③]。

不论如何争论，全球客观发展事实都说明了这样一个真理，即在一定的时期内，由于各种条件的制约，人类所能发现的资源和可供人类利用的资源总是有限的，合理利用资源是人类社会持续发展的必然选择。由此出现三种“资源与极限发展”的理论。

其一是“均衡增长论”。人类有三个可供选择的方案，即不受限制的增

---

① 引自《自然资源对人类意味着什么》，http://wenda.tianya.cn/answer/41f221e27d53d97000046c8682e037b8.

② （美）梅萨罗维克，佩斯特尔. 人类处于转折点[M]. 北京：三联书店，1987.

③ （美）朱利安·林肯·西蒙. 没有极限的增长[M]. 成都：四川人民出版社，1985.

长、自己对增长加以限制和自然对增长加以限制，但事实上只有后面两种方案是可行的。理想的方案就是全球均衡增长，“全球均衡状态的最基本的定义是人口和资本基本稳定，倾向于增加或减少它们的力量也处于认真加以控制的平衡之中”①。

其二是“有机增长论”。人类目前面临着多种前所未有的危机，如人口、环境、粮食、能源危机等，这就使人类处在一个重要的转折点上。增长过程有两种类型：一个是无差异增长，一种没有质的变化、完全是数量增加的增长；一个是有机增长，或称为有差异增长，是一种不仅有数量的增加，而且还包含质的提高的增长。而人类目前面临的各种危机，都是根源于无差异的增长模式，所以必须停止这种单纯追求规模扩大和数量增加的增长，而转向有机增长模式②。

其三是“可持续发展论”。可持续发展的核心内容就是和谐的自然观。“从广义上讲，可持续发展的战略旨在促进人类之间以及人与自然之间的和谐”③。可持续发展理论的重心是发展，它依然把发展放在突出的地位上。它认为发展是人类共同的和普遍的权利，不论是发达国家还是发展中国家，都享有平等的发展权利，而对发展中国家来说发展更为重要。但同时也要看到，人类的发展必须与资源、环境相适应，必须放弃传统的生产方式与消费方式，改变过去那种通过无限制地消耗资源和牺牲环境来换取发展的错误做法，使发展与地球的承载能力相互协调、相互适应④。

可持续发展思想已经为世人所广泛接受，全球的行动正在展开，理论上的争论已不再成为问题⑤。“由于持续发展已成为经济政策和规划的目标，所

① 彭震伟，孙婕．经济发达地区和欠发达地区农村人居环境体系比较［J］．城市规划学刊．2007，2：83-87.

② 丁任重．经济可持续发展：增长、资源与极限问题之争［J］．重庆工商大学（西部论坛），2004，4：56-61.

③ 杨贵庆，黄璜，宋代军，庞磊．我国农村住区集约化布局评价指标与方法的研究进展和思考［J］．上海城市规划，2010，6：48-51.

④ 李伯华，曾菊新，胡娟．乡村人居环境研究进展与展望．地理与地理信息科学，2008，5：74-80.

⑤ 引自美国世界观察研究所所长莱斯特·R·布朗（Lesterr Brown）的发言报告。

以1972年随《增长的极限》[①]一书问世所引起的争论将告平息。因为与其说在增长与不增长间进行选择，已不如说在这种或那种持续发展方式间进行选择更为贴切。”

那么中国目前发展与资源环境问题的症结在哪里呢？早在几年前，国家环保总局就曾指出：目前的高耗能、高污染、高消费的生产和生活方式是中国现有资源和环境根本无法承受的，由此可能导致的生态危机迫在眼前。显然，生产方式、制度法规、观念、技术等都是影响中国当前资源环境问题的重要因素。

5.2.4 基层村绿色消解概念

基层村绿色消解是基于“减量化、再利用、资源化”原则，以资源导向下的“绿色”农业经济为基础，“绿色”社会为内涵，“绿色”技术为支撑，“绿色”人居环境为标志，建立的一种基层村。

基层村绿色消解的基本内涵，是面向人口减量化增长发展的积极消解。它追求的是“生产—生活—生态”一体化的一种新融合，而不是用一种发展形态消灭另一种发展形态。在目标上，它追求农业生产系统、建筑生活系统和自然生态系统三者的协调平衡与积极发展。在方法上，它主张“加速应该消解的，保护传承不应该消解的，转化利用可以消解的”。在技术上，它提倡本土性、低成本性、适宜性。

基层村绿色消解具有五个特性，如下：

1. 预测性：要有针对性、准确地预测未来的消解环境条件及其带给人类的后果。

2. 观察性：开发更好的观测系统去记录全球和区域的环境变化。

3. 抑制性：预测并认识到破坏性的环境变化以快速控制他们。

4. 响应性：确定那些能够让地球可持续发展成为可能的响应，包括制度、经济和行为方面。

5. 鼓励性：创新技术和政策，以实现基层村可持续发展。

---

① （美）德内拉·梅多斯，乔根·兰德斯，丹尼斯·梅多斯. 李涛，王智勇译. 增长的极限[M]. 北京：机械工业出版社，2013.

5.3 黄土沟壑区基层村建筑生活系统绿色消解模式

5.3.1 居住人口的绿色消解模式

当前应对基层村人口流变的消解模式有两种方式：其一，政策性规定人口消解模式，特点是一次性搬走，一次性消解。这种方式试图通过外力控制，一次性解决人口消解中的全部问题。要么是由政府的移民搬迁政策确定的移民搬迁村，要么是出自村镇规划的某种编制成果，即“政策+规划”模式。这种人口消解模式以整村作为人口流动的基本单位，并且有明确的时间长度（规划周期）和时间节点（分布搬迁时间点）规定。问题很明显，它与现实违背，也没有可实施性，只能被看成是一种虚拟假设。

其二，基层村人口按照自在发展阶段进行消解，特点是一种缓慢的、持续的、没有规律性的人口流动，即“收入水平+生活选择”模式。这种人口消解模式前期以个人作为人口流动的基本单位，后期以户作为基本单位，没有清晰的消解时间长度和时间节点。什么时候、谁或哪一户要走，什么时候人走完，或者什么时候人停止不再走了，都是不确定的。它的问题也很明显，伴随人口消解出现的各种问题，只有问题严重程度的积累，没有问题实质的解决。

居住人口的绿色消解模式，就是指人口离开基层村，虽造成人口数量的减少，但这种减少能尽可能少地干扰还留在基层村的那些人的农业生产和社会生活，并尽量减少资源浪费，包括劳动力资源、土地资源和建筑生活空间资源。

采取传统农耕方式的基层村社会里，农业生产和乡村生活需要户与户的互助和合作，这种方式使得村民可以以最小的成本获得生产和生活的互助资源。因此村所在地域的客观情况决定了村人口的基本规模，即自然人群的地缘关系。

人的社会组织关系衰减后会产生次生效应。基层村消解中，人的离开造成的影响是个体影响，没有影响到基层村的社会生活组织结构关系。户迁走，意味着家庭生活彻底离开。当户迁移造成的影响达到一定程度后，以家庭为基本生活单元的传统农村社会生活方式没有了，“居家”没有了，基层村社会组织结构就崩溃了。所以构建居住人口的绿色消解模式，村庄内部应该考虑人口稳定的条件：教育让人口稳定，经济收入持平也让人口流动减少。

事实上，基层村人口流动具有顺位替补的循环性，可以分为村际之间和地区之间两种。模式一，本村内部条件较好的耕地、宅基地可以流转，在政策保障下，让本村或邻近基层村条件较差村民使用，或者沟坡地的基层村村民居住，节约拆建成本和建筑材料资源；模式二，一定地区范围内，发展较好的基层村，在消解期内可以利用本村的空置资源，例如耕地和宅院、农村地区的非农就业机会等，接纳条件较差地区的基层村村民，既能保持农村地区的相对繁荣，也能避免资源浪费和农业生产效率的下降。

5.3.2 居住建筑空间环境的绿色消解模式

农村不论沿着怎样的方向发展，它在本质上还是农村，在保持农村核心性能（生产粮食）不变的情况下，技术（规划技术、现代农业技术、建筑技术等）提供了一种可能性——把农村的核心性能通过多个界面表现出来，让这些界面所反映出来的功能能够包容我们所有生活和工作的内容。

居住建筑空间环境指村域层面的整体空间环境，包括两大部分：一部分是“宅院与民宅”，是基层村每户家庭生活空间单元的空间集合；另一部分是村落公共建筑、公共活动空间、道路、山水地形等所有部分构成的整体居住环境。

居住建筑空间环境当前的建设发展，集中在以下几个方面：持续的宅院内部封闭式自发新建，与自发废弃并存；农业生产养殖类活动相比传统时期，大量进入居住建筑空间；既有公共建筑或空置，或被动转变使用功能。而与此相对的是另一种发展趋势：卫生站、小商店、理发、餐饮招待等各种日常生活公共服务性功能与居住宅院结合；公共开放空间边界日趋模糊，例如晒谷场、涝池、路口空间、村口空间等，传统人群聚集活动几乎消失；基层村自有的山水格局等本底资源条件渐渐被忽视，建设性破坏普遍，失去基层村“自身具有的那种自我管理、自我组织、自我修复这样一种能力”[①]。

---

① 王东岳．物演通论［M］．陕西：陕西人民出版社，2009．

居住空间环境的绿色消解模式，无疑是向现代农业产业空间的转型，这是基本模式，因为消解与发展是互补的，而互补才是绿色发展，必须有一定的呼应关系。居住建筑转化成现代农业生产建筑空间的路径包括：模式一，转型养殖业生产空间，例如鸡、羊的圈舍等；模式二，转型农业生产服务空间，例如苹果等农产品库房、小型农机存放库房等；模式三，转型经济作物种植空间，例如蘑菇种植房等不需要田野种植的高密度种植作物；模式四，转型农产品初级加工空间，例如作坊、手工挂面、花馍等民间小吃的加工空间。

5.3.3 公共服务设施的绿色消解模式

按照简单的规划编制过程进行推理，我们可以发现问题。例如，现状现象反映出乡村公共服务生活质量需要提高，因为依据现有人口规模，现状公共服务设施建设数量不够，所以应该“增加”建设公共服务设施。接下来的规划需要判断，这些服务设施应该建多大规模？应该在哪里建设？这些都需要根据人口的规模和生活体系的空间分布来决定。此时以“增加”为基础的规划逻辑出现漏洞——按照现有人口规模配置建设已经建设的怎么办？

规划是完善国家治理体系与提升治理能力的重要手段，通过对城镇化的空间治理，实现公共服务的需求与供给的平衡，令市场在资源配置中起决定性作用，也令政府更好地作用。农村现行的生产生活方式及发展方式不能满足社会平衡的要求。消解的状态下，整个社会组织和服务体系根本无法支持这些人的生存。

中国农村在新农村建设的“十一五”期间，曾经走过弯路，是什么原因造成的呢？常见的建设模式，一般是投入一笔资金在某个地区的基层村，以单一的一个基层村为建设单位。分散分配给各个基层村的资金，在刚刚建设完小学、修好村里道路、完成危房改造、建立村文化馆、换变压器等后，因政策转变要求让人搬走，进行人口、土地和资源的集约，新建设的基础设施和公共服务设施变成弃置的建筑垃圾。

表5-3是澄城县域村庄布局规划的规划技术要求。表中列出13项村级配置的公共服务设施，从设施的数量和面积进行规划控制与建设引导。根据对

规划实施后的情况进行调查，表中公共服务设施有三种结果：其一，根本没有进行建设；其二，已经开始建设的部分公共服务设施，完成建设使用的仅占17%，启动建设但未完成的占45%，还有38%的公共服务设施建成后空置未用；其三，自发地进行公共服务设施的合并建设，或建筑面积、建设数量的调整。

如果当初将建设资金投入到以集约为指导思想的新型农村社区建设，刺激这一部分的基础设施建设、人居环境建设平台的发展，可能早就促成基层村的这些人自愿集约到新型农村社区，而非今天执行的行政性补贴搬迁。

问题没有解决根本的原因，是因为政策和规划研究发现的都是基层村的表象问题，满足不了基层村整体生产、生活、产业、人居社会组织结构、公共服务的标准和水平的提升。因此只有结构性改变基层村的发展模式，转变对策，才能根本改变基层村消解式发展的问题。

澄城县基层村公共服务设施现状一览表 表5-3

乡镇	村委会	图书室	活动场地	文化站	医疗站	敬老院	邮电所	农贸市场	商铺	中学	小学	托幼	技校
单位	个	个	m^2	个	个	个	个	个	个	个	个	个	个
冯原镇（27个行政村）	27	1	100	1	31	2	1	1	35	3	26	6	无
安里乡（20个行政村）	20	7	8892	1	26	1	1	5	116	1	11	2	20
城关镇（3个行政村）	3	9	3600	1	10	2	1	3	无	1	9	2	0
交道镇（15个行政村）	15	11	无	无	8	1	1	2	无	1	8	无	无
雷家洼乡（19个行政村）	17	6	908	3	7	无	1	3	43	1	4	2	1
刘家洼乡（19个行政村）	19	5	5516	1	16	无	1	1	无	1	14	无	无
罗家洼乡（21个行政村）	21	10	18120	9	21	1	1	1	66	1	7	6	无
善化乡（11个行政村）	11	10	16000	2	10	1	无	无	24	无	1	8	11
寺前镇（30个行政村）	30	7	800	1	16	无	1	3	80	2	8	4	无

续表

乡镇	村委会	图书室	活动场地	文化站	医疗站	敬老院	邮电所	农贸市场	商铺	中学	小学	托幼	技校
王庄镇（16个行政村）	16	无	无	1	8	1	1	无	无	2	10	无	无
韦庄镇（27个行政村）	27	16	960	16	32	1	2	1	无	2	11	9	2
尧头镇（12个行政村）	12	2	160	1	12	1	2	2	53	1	3	1	无
赵庄镇（19个行政村）	19	无	无	1	1	1	1	1	5	1	11	3	无
庄头乡（19个行政村）	19	16	1200	1	20	1	无	1	32	1	6	8	1

资料来源：《澄城县村庄布局规划》调研数据。

5.4 消解期黄土沟壑区基层村规划原理与方法

方法实质是指一件事怎样做的程序，技术则是为了解决问题。所以，从规划学的专业角度提出解决城乡问题的规划程序安排，就是规划技术方法。不论社会经济形态和文化继承，规划的核心技术有四点：土地、人口、空间、关系。事实上，规划编制未能对解决基层村消解的问题得出正确结论，这并不简单地是由于分析方法上的欠缺，而是根源于目前规划技术方法中存在的基本缺陷。

增长规划都在做，而且做了很多年，几乎所有的规划都在做增长，但人口在减少，建筑生活空间也在消解。基层村现有的规划条例中，有的只有规划原则，有的甚至局部没有原则；有的只有整体的方法，没有针对基层村的具体方法，甚至没有方法。所以，需要的是改变方法，即怎样做一个人口以减少为发展趋势的规划？

5.4.1 消解期基层村人口流变的动态预测方法

对消解期基层村人口流变的动态进行整体预测，目的是研究一个稳定状态（传统农业生产方式下的人口均衡状态）到另一个稳定状态（现代农业生产方式下的人口均衡状态）的规律。如图5-4所示，模拟图研究只说脉线和

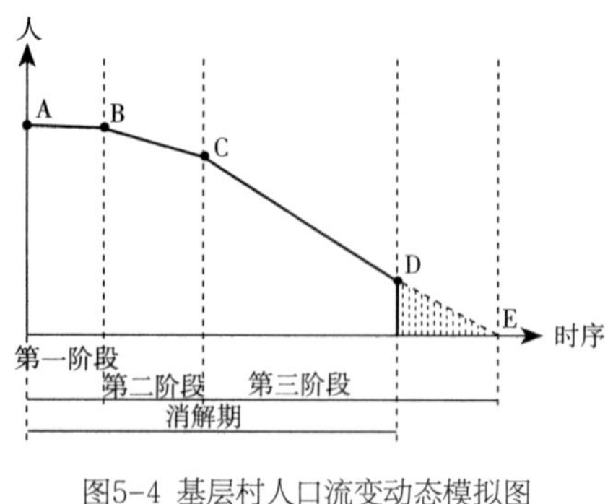

图5-4 基层村人口流变动态模拟图

资料来源：笔者自绘

历程，即大部分基层村都具有的共性和过程，个别个性的发展变化不包括其中。纵轴表示的是基层村里面的人口，不是描绘一家一户何时离开。此外，模拟图将研究5个临界点，即图示中的A、B、C、D、E。到了某个临界点，基层村开始发生一种质的改变。

在第一阶段之前，基层村人口处在相对均衡状态。不包括外出上学等原因，A点表示基层村开始有人离开，此处的人指劳动力年龄人口。离开的原因，是因为追求外面的经济收入，而暂时放弃留在村里生产生活的社会收益（指家庭等社会关系），基层村进入消解的第一阶段。

第一阶段人口离开速率用线段AB的斜度表示，其特点是以劳动力年龄人口为主体，户迁移离开的比率很低。第一阶段离开的劳动力年龄人口，实质是基层村的剩余劳动力，绝大部分的家庭生活主体还在村里。因此，基层村这个阶段的消解对农业生产体系、农民生活体系负面作用不大。代表家庭生活的户的实体还在，宅院空废情况少。

B临界点代表村子开始出现一个家庭以一户的概念离开基层村，人口流变进入第二阶段。此时，人口离开的特点是以“户”为基本单位，当然还继续伴随着个人的离开。基层村社会生活开始受到影响，离开的户数越多，这种影响越大。线段BC表示第二阶段人口减少的速率，其斜度大于线段AB的斜度，因为户的离开加速人口的整体衰减。基层村这个阶段的农业生产体系明显受到影响，土地抛荒、妇女和老龄劳动力种地等现象普遍。建筑生活体系中宅院空置、废弃增多。公共设施和公共空间废置情况较多。

第三阶段人口流变速率用线段CD表示。这个时期，基层村户迁移率是人口流变主体，生活空间破碎程度高。当基层村人口规模衰减到不能支撑小学校存在时，以户为单位的迁离开始成为人消解的主体，这时村子可能产生突变，因为家庭是农村生产和生活的基本单位。

当人口消解来到D临界点时，基层村达到一种状态，消解破坏了它自身具有的自我管理、自我组织、自我修复能力，消解的负面影响越来越多的时候，基层村整体上就再也没有能力来自我消化了。在达到这种状态的时候，基层村实际上就解体了，而无论是否还有人在村子里居住生活。这些基层村将随着所在区域工商业的溃退和学校的关闭而渐渐缩小直至消失，从而彻底回归到只有农业生产系统的状态。

D引出的虚线线段，是基层村达到人口规模极限状态的一种选择，即消解期持续到未来的某个时间点，直到村里的最后一个人、最后一户离开。线段DE持续的时间内，基层村的生产和生活已经没有维系的意义与价值。

D引出的垂直线段，是另一种选择，即基层村人口借由外力，进行一次性消解。按照社会学的观点，社区是自然发生的，它形成多大规模就是多大规模，基层村就是一种社区。因此从理论上说，社区的人口规模，最小可以由两个异性组成，最大则没有上限，唯一的前提条件是：能够不依赖外界因素独立进行人口和经济的生产与再生产。据此，衡量基层村可以进行一次性人口消解的约束条件之一，就是看村里是否连续在一个时间段里，比如5年以上，村里没有新出生小孩。

5.4.2 消解期基层村生产—生活—生态一体化规划原理

从国土和国家的整体角度看待城镇化问题，城市和乡村是一个有机的整体。在这个有机的整体中，如果这边城市用地扩张增长，那边乡村用地必然减少相应规模的土地，因为土地面积总量恒定不变。城乡之间人口的流动与增减也是这个道理，因为同一时间内，一个国家的人口总量也是一定的。

城镇化进程中许多问题的出现，往往根源就在于把城市和乡村割裂开来进行研究。把综合的有机联系的社会功能分裂成城市功能（人工系功能）和农村功能（自然系功能），城市规划和农村规划之间失去了联系，各行其是[①]。

把农村看作一个大的系统，将这个系统解构，就是由人类与自然行为所形成的人类系统和自然系统，它们之间通过生产和生活活动发生关系。

① 顾孟潮. 城乡融合系统设计——荐岸根卓朗先生的第十本书[J]. 建筑学报，1991，6：17-21.

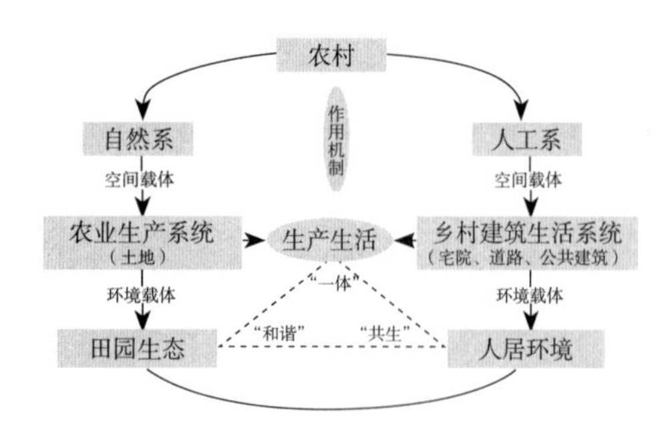

图5-5 乡村生产生活生态一体化系统模型

人和自然的空间载体，分别是建筑（包括住宅、工厂、学校等）和土地（农田、森林等）；而它们的环境载体，即是由人所创造的人居环境、景观环境和由土地所创造的田园风光、生态环境。因此，我们可以把农村看作一级系统，人类与自然看作它的二级系统，而由人类和自然行为（即生产和生活活动）所创造的建筑和土地构成三级系统。这三个系统的环境载体，就是由人居环境、景观环境、田园环境、生态环境所构成的综合环境，它既包括人类创造的建筑环境（居住、办公、生产环境等），也包括因人类行为所创造的空间环境（农田、公园、道路等）。而正是人类的行为活动使得这个综合环境发生着千变万化①。

图5-5表达了生产—生活—生态一体化系统模型，意味着可以通过自然要素和人工要素的不同组合，创建出各种类型的基层村自然生态、农业生产和建筑生活的模式。以生产—生活—生态一体化为目标，对消解期基层村的全部资源在时间和地理空间上进行优化配置和优化利用。

5.4.3 消解期基层村建筑生活空间绿色消解规划方法

空废建筑空间资源包括建筑空间本身和属于它的院落空间两个部分，基层村消解中，村民因为各种各样的原因，不再继续住下去了，但其实废弃的建筑空间资源还是积聚了很多对社会有价值的资源。所以空废建筑空间资源再利用是对资源的重新配置。

质量好的空废建筑可以租给其他有需要的人居住，当然这还需要相关的农村住房流转政策来订立规矩。质量差的建筑，虽然继续住人不安全，但是转为养殖型生产建筑，还是很有潜力的。很多民宅拆除后的建筑材料，例如

① 张黎梅. 一体、和谐、共生——水洼村统筹发展规划模式研究[D]. 西安：西安建筑科技大学，2012.

砖、梁、门、窗、瓦等，转而用在建设农业生产建筑中，一方面可以节省相当的土建成本，另一方面节省了大量建筑垃圾的高额处理费用。

空废院落空间资源更容易实现转型再利用，事实上村民已经在自发地利用邻居家空置的院落，用于养羊或养鸡等养殖类农业生产。还有更有效的一种方法，是通过政策规定，凡是基层村里空置的院落，政府发放树苗补助费用，鼓励村民在空废院落中种树，这与村落传统的生活习惯一致，村民容易接受。因为基层村的树一般习惯种在自家院里，村落公共空间里的树木反而数量不多。这样基层村里走一户，就立刻补种上一院落树苗，空间资源利用了，环境景观也兼顾了，更何况树苗本身长大了还可以有经济价值。

5.4.4 消解期基层村空废资源再利用建筑设计方法

英国纽卡斯尔大学的Graham Tipple教授从社会经济学的角度研究当地传统技术和材料建筑的诸多优势，并提出传统工艺技术和形式应该得到改进完善以满足现在的需求，而不是拒绝传统工艺并引进外来的工艺和形式。低技术的房屋建造应当被视为经济发展中最为有生产效率的方法之一，并应得到相应的鼓励。应当摒弃钢结构等现代化的材料和建造方式，运用本地材料、本地技术，充分发挥本地劳动力的作用，有效增加就业岗位，使得资金回转的内部最大化，充分拉动本地经济的发展。

1）废弃空间再利用建筑设计方法

从空间利用价值、旧建筑寿命余量、空间可整合条件等方面，分片进行分析评价，制作可利用建筑空间评价图。

面向生产建筑空间需求，进行生产单元区划，为可利用的建筑空间，设计重构的空间形态模式。

增建新的建筑空间元素，链接诸多小的空间群，成为规模空间，保障新生产单元的空间需求。这种“化零为整”的设计手段是废弃空间再利用的重要方法。

对外部空间采取“空间利用无死角”的设计方法，坚持“寸土寸绿”的设计原则。

对于新加建的生产型建筑空间设计，采用生土建筑设计手法。尽量利用地下空间、掩土空间，保障建筑材料的百分百可降解。

2）废弃材料再利用建筑设计

对没有利用价值的建筑物、构筑物的建筑材料，采取分类定量计算材料量，计算拆除后材料破损率，并列表统计，以便在新的设计中进行再利用。必须保证新设计中材料工程平衡，避免新加材料，避免重复性投入的浪费。

对拆除后的砌体材料，可以区分为完整料与碎料两种材料类型。针对生产建筑功能需求，设计采用填充墙设计方法，整料砌筑墙体外层，碎料填充在墙体外层之间的空腔，再用草泥外粉墙体。这样，拆除后的砌体材料在生产性建筑中可以得到再分类后的降低等级再利用。

对现状院落中已有的硬质铺地，设计中尽量采取与生产建筑外部硬质贴面相关联的设计方法。

设计中采取保留所有树木的方法，即便树木影响新功能，也必须采取从设计建造进行变通的营造方法。

对可降解的废弃建筑构筑体、墙体，坚持采用就地降解还原的设计方法。坚持“能还原的首先还原”的设计原则。

在新建硬化场地时，坚持采用建筑材料碎渣铺砌、水泥砂浆整体浇铸的节材构造方法。

5.5 小结

本章从黄土沟壑区基层村消解期发展的关键科学问题、绿色的基础理论、基层村绿色消解概念、建筑生活系统的绿色消解模式和规划原理方法等方面展开分析研究，主要结论有如下几点：

其一，要建立面向发展的积极消解观。消解并非问题，但如果不能促进发展，则会成为问题。

其二，“3R原则”（Reduce、Reuse、Recycle），即“减量化原则、再利用原则、资源化原则”，[①]是循环经济最重要的一种方法论，也是黄土沟壑

① 中国大百科全书（精粹版）[M]. 北京：中国大百科全书出版社，2012.

区基层村绿色消解的基本原理和行动指南。

其三，居住人口的绿色消解模式，就是指人口离开基层村，造成人口数量的减少，这种减少能尽可能少地干扰还留在基层村的那些人的农业生产和社会生活，并尽量减少资源浪费，包括劳动力资源、土地和建筑生活空间资源。

其四，居住空间环境的绿色消解模式，无疑是向现代农业产业空间的转型，这是基本模式，因为消解与发展是互补的，互补才是绿色的，必须有一定的呼应关系。

其五，消解期人居环境的规划设计原理与方法，完全不同于增长期人居环境的规划原理与方法。

6 黄土沟壑区基层村绿色消解对策

当我们所研究的事物问题明确、概念清晰、理论有据、模式成型和技术有法之时，便可以进入解决问题的具体对策研究阶段。

基层村发展对策的研究，一般包括：社会政策发展、产业经济发展、资源空间发展、环境规划发展等方面。基层村消解对应发展，其消解对策的研究也同样离不开这几大方面。

绿色消解对策是针对消解的更高要求对策，绿色消解对策走出了粗放、混乱和低效的消解模式，走向了可持续性、科学性和适应性。

6.1 基层村绿色消解的社会政策调控对策

基层村消解，首先是基层村“主体”——社会的消解。自然生态系统没有量变，农业生产系统发展，建筑生活系统消解。建筑生活系统中，社会是主体，人居环境是载体，主体决定载体，载体反作用于主体。所以，研究基层村绿色消解对策，首先必须研究黄土沟壑区基层村社会政策对策。

6.1.1 外部社会政策调控

新型县域城镇村体系中，基层村的上层级社会是对基层村消解具有直接影响力的社会系统，包括县城、镇与新型乡村基本聚居单元。

与基层村直接相关的外部社会政策，主要包括户籍、集体土地居住权、养老、医疗、教育、公共安全等。

理想的户籍制度是自动登记制度。一个人出生在某地，就自动登记为该地户籍。若其离开原有户籍登记地，进入另一个地方，不论是城市、乡村，居住一定时间，并准备长期居住下去，就应当获得本地户籍。从国民平权与政府有效管理两个角度看，现行户籍制度都应废除，转而建立以保障国民自由迁徙权为基本原则的居民户籍登记制度。这种制度的具体操作方案，就是“以房管人”。合乎平等原则的“以房管人”，其实就是以户籍随人转为基本原则，一个人常住某地，即可获得该地的户籍[①]。

城镇房地产开发可以令农民自由购买和进行产权登记，但在黄土高原基层村分散化的特征下，在农村集体土地所有制形式下，基层村向新型乡村基本聚居单元集约的居住权与宅基地土地产权必须进行改革，放开宅基地政策，否则就会束缚基层村的积极消解步伐。

自古以来，土地是农民的命根子，人们对土地的习惯性依赖源远流长。黄土沟壑区基层村人口结构以老人为主，老人的核心问题是养老，老人的主要职责是照顾家庭中的未成年人以及照看家庭的责任田，所以在社会政策方面，切实落实在镇区或新型农村社区的养老保障政策、配套适应性的教育设施以及推进农业规模化，从而使得农村老人离得开、落得住、保障得了，这才是基层村绿色消解的重要策略。

具体措施包括：

养老——在新型农村社区，政府配套公益性养老与残疾人中心，大力发展自助式农村养老院，由政府进行补贴。

教育——在新型农村社区，从幼儿园到小学均应配置一定比例的宿舍，将社会化生活服务支撑与学校教育设施相结合。

土地承包权流转——实施基层村与中心村、基层村之间的土地承包权自由流转政策，并可以进行交易。

6.1.2 内部社会政策调控

1. 基层村内部宅院调控政策

在基层村，最先流失的人口是劳动力，最先迁走的家庭是条件较好的家庭，他们退出的宅院一般也是质量较好的宅院建筑；与此相应，基层村最弱势的人口，往往是最后离开的老弱病残人口，无力迁走的家庭也是条件较差

① 汝信，傅崇兰．城乡一体化蓝皮书：中国城乡一体化发展报告［M］．北京：社会科学文献出版社，2011.

的家庭，他们居住的宅院一般也是质量较差的宅院建筑。

在基层村，建筑质量好的宅院往往在新村，建筑质量差的宅院往往在老村，村中弱势群体主要居住在老村，村中最先迁走的优势家庭主要居住在新村。所以制定基层村内部宅院调控政策，使迁走家庭的宅院过渡性配置给老村弱势家庭，既能不投入而改善消解期弱势家庭的居住生活品质，又能减少宅院建筑物消解的消耗，还有助于废弃宅院建筑成片消解转型的绩效。所以基层村迁走户的废弃宅院建筑必须限期交还集体，或置换更差的宅院建筑交还集体。这一政策的落实，将会实现消解与发展的有机无缝对接。

2. 废弃学校的过渡性养老配套政策

大部分基层村的小学校都已废弃，长期荒芜，占据大量土地空间资源，国家应结合农村养老配套政策，制定小学校舍—养老院—农业生产性建筑的三转型扶持政策，一体化解决社会问题、老村成片消解问题和基层村校舍闲置浪费问题。

3. 民风民俗约束机制的运用

黄土沟壑区基层村农耕文明历史悠久，自古以来交通闭塞、靠天吃饭、生存艰难，土地是农民的命根子，邻里依存性强、勤劳俭朴入骨、民风民俗强势，所以借用当地社会民风民俗，制定出有利于基层村建筑生活环境绿色消解的民风民俗约束机制，将会产生很好的自运作效果。

4. 土葬改革政策引导对策

黄土沟壑区基层村的许多老人，已经具备迁移到城镇的条件，但为能土葬在自己的故里而不愿离开，无意义地延长了基层村的消解进程，还有许多老人，顾虑自己百年后入土为安之时，没有邻里相帮而不离开乡村等。所以，在鼓励火葬的前提下，不宜强制禁止土葬，而且要允许离土离乡的群众仍拥有百年后回归故里安葬的权利，这会有助于基层村的绿色消解。

5. 风水的遗产保护策略运用

黄土沟壑区沟壑纵横、梁峁起伏，村落的历史发展，尤其是重要的公共建筑如庙堂、祠堂、学校、磨坊和重要的风水构筑物如塔、碑、池，均与传统风水相关，各种讲究很多，而今天乡村的年轻人已经很少知道，所以整理与宣传这些风水风俗传说，并结合到基层村乡土历史文化遗产保护的政策文件中，将会事半功倍地起到良好的保护成效。

6.1.3 基层村“三农”社会政策调控对策

所谓“三农”问题，是指农业、农民、农村这三个问题。实际上，这是一个从事行业、主体身份和居住地域三位一体的问题，但三者侧重点不一，必须一体化地考虑以上三个问题。

1. 相关政策

1）减免农业税。“十一五”以来，国家全面减免了各项农业税收，给农民减负。

2）对种粮农民实行直接补贴。从“十一五”开始，国家对各地种粮农民实行按亩补贴政策，农民每种植一亩粮食，可获得约100元人民币的直接货币补贴。

3）国家无偿给农村基础设施建设和公共服务设施建设投资，如村村通、希望小学、村庄整治、新型农村社区建设、美丽乡村建设等等。

4）农村老人月生活费补贴政策。农村老人60岁、70岁以上年龄不同数量发放月生活补贴金，农村老人医疗合作保险政策中也有很大国家补贴的成分。

5）农村土地承包权与宅基地抵押融资政策。允许农民以农村土地承包权进行抵押融资，允许农民以宅基地抵押融资，实际上是允许农村土地承包权与宅基地使用权的流通。

2. 针对黄土沟壑区的“三农政策”适应性调控

1）黄土沟壑区是国家生态安全的重点区域，应进一步加大生态产业的扶持补贴力度，促使该地区乡村消解向生态产业转型。

2）黄土沟壑区生态脆弱、贫穷落后，是中国农村的弱势地区，从国家战略到社会公平，从粮食种植补贴、老人生活补贴、建设资金补贴到医疗教育补贴等方面，都应加大地区补贴力度，促进基层村的绿色健康消解。

3）加大对该地区移民搬迁政策扶持力度。

3. 区别于镇、新型农村社区的基层村三农政策适应性调控

1）加大对基层村农业现代化扶持政策力度。

2）加强对基层村公共交通建设的扶持政策力度。

3）减少对基层村新建建筑的扶持政策，将其转换到新型农村社区建设政策的基层村补贴政策中。

6.2 基层村绿色消解的产业经济调控对策

在《全国现代农业发展规划（2011-2015）》实施中期，党的十八大胜利召开，大会提出了“四化同步、五位一体”的新要求，是当前和今后一个时期农业农村经济工作的指导思想。其中“城镇化和农业现代化相互协调”，更是中国农村发展的大势所趋。

基层村的经济地域，通常按照地域提供的工作、服务设施和其他经济联系范围来确定，如日通勤性劳动力市场地域，日常生活商贸市场地域等。黄土沟壑区的基层村，主要经济包括外部产业经济与内部产业经济两大部分。外部产业经济主要指农村劳动力输出产业和经营城镇服务业产业，内部产业经济主要指基层村内农业产业与内需性第三产业。

6.2.1 面向基层村绿色消解的城镇产业经济调控对策

十八届三中全会《关于全面深化改革若干重大问题的决定》提出了“必须健全体制机制，形成以工促农、以城带乡、工农互惠、城乡一体的新型工农城乡关系，让广大农民平等参与现代化进程、共同分享现代化成果”[①]的行动指南。由此可见，乡村发展已经不是传统独立自主的发展关系，城镇与工业发展对乡村发展具有直接的主导作用。

就黄土沟壑区来讲，只有大力发展县级城市现代工业，尤其要发展现代农产品加工业与农业物流产业，才能直接体现“以工促农、以城带乡、工农互惠、城乡一体的新型工农城乡关系”建设。

（1）县级城市现代农产品加工业结构调整对策

①分散细小向集中规模化转变：集团式（促进企业的规模化、集群式发展）。

---

① 中共中央关于全面深化改革若干重大问题的决定．中国共产党第十八届中央委员会第三次会议，2013.

②数量向质量转变：品牌型（打造品牌型加工企业）。

③初级加工向精深加工转变：科技型（提升农产品加工的科技含量）。

④生产导向向市场导向转变：建立“市场需要什么—生产什么—加工什么”的加工业发展模式。

（2）县域农业物流产业化经营与生产组织调整对策

①经营模式与生产组织：组建物流开发公司，扶持和发展一批专业化的第三方物流企业，依托各产业园区建设园区物流中心，形成蒲城农业物流网络体系。

②建立起包括农业物流中心、农产品批发市场、农产品配送中心和农产品连锁超市等的多层次、多形式的农业物流市场。

③加强包括交通、信息网络、通关检验检疫“绿色通道”等的物流基础设施建设和加快相关配套政策的制定。

总之，通过县级城市经济发展，尤其是通过能引导性推动城镇化和农业现代化的产业结构调整，切实落实就地城镇化，渐进式疏解广大基层村人口的过密化问题，才是黄土沟壑区基层村人口绿色消解的关键对策。

6.2.2 基层村现代农业产业经济调控对策

基层村建筑生活的消解与农业产业发展是一个统一体，建筑生活系统的消解为农业生产发展提供了新的空间资源，农业生产现代化发展为建筑生活系统的消解提供了落点，两者的无缝对接转型才是基层村域系统内部可持续发展的基本面，所以黄土沟壑区基层村现代农业产业适宜发展模式可有效保障其建筑生活系统的绿色消解。

现代农业产业主体构成包括龙头企业（农工综合企业）、农民专业合作社、农业产业园区（基地）、家庭农场、休闲农庄。黄土沟壑区基层村现代农业产业经济调控对策主要有以下几点。

（1）加快推进家庭农场化进程

家庭农场是实现现代农业土地规模化经营的主体，是现代农业发展的最小农业生产经营单位，是现代农业职业农民最重要的就业领域，是农民专业合作社的支撑主体。家庭农场坚持家庭经营原则、规模适度原则、农业一业为主原则和集约生产原则。土地在黄土沟壑区一般分为种植型、养殖型、种养结合型，一般劳动力人均经营规模约10亩左右，以保证土地的产出效益，经营规模上限适宜控制在200亩以下。

（2）促进农民专业合作社发展

合作社社员既拥有财产的所有权，又拥有财产的剩余收益权和控制权，减少“委托—代理”成本，使社员的剩余索取权和剩余控制权直接对应，有效地防止了剩余的流失或监管不力[①]。

合作社融资主要有：银行融资、内部股权融资、土地经营权抵押融资、政府补贴，股金资本约占总资本的40%～50%，其余则从地方银行等借入。

（3）推广种养结合型的生态农业循环模式

支持小型种养结合生态家庭农场模式，畜禽—沼—作物生态模式，林、果园—鸡共生生态模式、牧草—作物—奶牛生态模式。

（4）推广资源节约和资本技术密集型模式

以提高土地单位面积产量和种植高附加值农产品为主要发展方向，鼓励节水农业发展，水肥利用率应达80%以上。发展追求精耕细作，着力发展高附加值的温室作物蔬菜和经济作物。采用合作化的土地节约模式，由农民专业合作社联合分散家庭农场形成劳动集约经营。

6.2.3 基层村生态产业经济调控对策

对策一，生态林建设与经营。

其一，进一步加大退耕还林还草扶持政策力度。十八大提出美丽中国概念，强调国家要为生态产业产品买单，如新鲜的空气、清澈的水质等产品是有价格的。国家为了鼓励退耕还林，制定了一系列的鼓励政策，这使得农民在为生态环境建设做出贡献的同时，能够获得利益，确保退耕还林的稳步实施。具体包括三点：一是国家无偿向退耕户提供粮食、现金补助[②]。每亩退耕地每年补助现金20元。粮食和现金补助年限，还草补助按2年计算，还经

---

① 中华人民共和国农民专业合作社法. 中华人民共和国主席令［第五十七号］，2006.

② 国务院关于进一步完善退耕还林政策措施的若干意见（国发［2002］10号）.

济林补助按5年计算，还生态林补助暂按8年计算[①]，二是国家向退耕户提供种苗和造林费补助；三是退耕还林土地承包经营权的期限和造林后荒山荒地的承包经营权的期限延长到50年[②]。

虽有如此，但从现实效果和社会发展形势看，补贴政策力度不足。对拥有集体土地使用权的农民来讲，这种补助应该长期拥有，补偿力度不能仅参考目前的粮食种植收益，因为种植粮食的补助也是100元，如果给予生态林草的养护职责，应该进一步利用消解期老年劳动力的价值，并增加其生活收益。

其二，退耕还林还草，应与养殖产业结合。在退耕还林还草区，应结合实际情况，发展规模化畜牧养殖产业，增加就地城镇化与现代化程度，增加农民收入，促进生态林草产业可持续发展。

对策二，经济林产业化经营与生产组织。

其一，鼓励规模化、多元化立体种植，鼓励林地承包与土地流转，提倡多元化立体种植与兼顾养殖，促进经济林产业向着规模化方向发展。

其二，提升林业产业科技化水平。培养林业人才，推广新技术，引进新品种，扶持建设良种基地，逐步实现苗木本地化生产。

其三，提升组织化经营能力。促进经济林合作组织的发展，鼓励合作组织做大做强，避免合作组织出现“规模小、分布散、竞争弱”的现象。

其四，加速产业化发展进程。以扶持建设龙头企业为重点，切实加强林产品储运加工能力和交易平台建设，通过经济林产品的产业链拉长、附加值提升，产业化发展经济林产业。

6.2.4 基层村休闲旅游产业经济调控对策

基层村消解是主体模式，但对于拥有丰富历史文化的古村落、拥有自然景观资源的基层村落和拥有景观农业资源的基层村落，在区域交通与旅游交通的支撑下，其绿色消解的模式与发展的模式不同。

---

① 关于完善退耕还林粮食补助办法的通知（国发［2004］34号）.

② 国务院关于完善退耕还林政策的通知（国发［2007］25号）.

对策一，交通与基础设施优先扶持对策。

区域交通链接：优先发展具备休闲旅游资源条件基层村与区域交通的链接道路建设，并按照旅游线路等级进行建设，彻底解决旅游发展条件“最后一段”的问题。

公共交通支撑：解决休闲旅游类基层村与镇、新型农村社区的公共交通配置标准，解决基层村在发展旅游产业时家庭生活公共服务的保障问题。

水暖电基础设施的旅游区标准配置：从根本上解决休闲旅游类基层村给排水、电力电讯等基础设施的配置，达到旅游区标准，不能以村庄建设标准进行建设。

对策二，复合型休闲农庄示范配套激励对策。

鼓励发展复合型：基于黄土沟壑区资源条件与发展战略，强调以生态林草业为基础，以自然田园风光特色为景观，以村落乡土物质文化为载体，以村落风土非物质文化为神韵，集休闲度假、聚会会议、农耕文化体验于一体的复合型休闲农家庄园发展模式，进行示范配套激励，产生科学模式的效应。

现代农业下的休闲农家庄园模式：建设以生态林业、生态农业开发为基础，以提供优美的自然环境、生产优质的绿色农产品为宗旨的休闲观光农业园区，创新生产体验科技示范型农业旅游模式，涉及项目有：采摘园、垂钓池、儿童乐园、设施农业、农作物迷宫、田园风光区、生态养殖（水产、畜禽）、野营烧烤、农庄婚礼、焰火晚会等项目。追求游客的互动性与参与性，使久居城市的人回归自然，追寻野趣，体会“住一天农家屋，干一天农家活，吃一天农家饭”的农耕乐趣，也是学校进行“寓教于游，寓教于乐”的科普教育场所。

对策三，外部资本引入对策。

现代农业的根本生产力不是劳动力而是资本，科学技术是资本的组成部分。基层村的集体是没有资本的，家庭资本有限且集合投资的难度很大，所以黄土沟壑区基层村复合型休闲旅游产业的发展必须引进外部资本进行投资，具体对策有：无偿提供空间资源，给定无偿使用期；引进外部资本，促进地区基层村景观资源可持续发展；提供地区基础设施配置条件。

对策四，公共服务设施特殊配置对策。

对休闲旅游类基层村，规划应考虑新型农村社区布局尽量结合邻近休闲旅游类基层村，以便保障其常住人口的公共服务设施配置问题，如学校、幼儿园、医院等，使两者相互依托，互动发展。另外，当休闲旅游类基层村建设无法结合新型农村建设时，必须特殊配置其必需的公共服务设施，或强化两者之间的公共交通服务便捷性。

6.3 基层村绿色消解的空间转型对策

黄土沟壑区基层村绿色消解的实现，需要落实到空间的有机转型上来，主要包括：生活空间向生产空间的转型，建筑生活空间物质元素向生产建筑空间物质元素的转型，农户分散型责任田向家庭农场集中型承包田转型，基础设施空间元素向生产设施空间元素转型，历史文化遗产空间向休闲旅游空间转型。

6.3.1 生活空间向生产空间转型

在黄土沟壑区的基层村，生活空间主要包括居住空间、公共空间和公共建筑空间三个方面。生产空间主要包括种植业生产空间、林业生产空间、畜牧业生产空间和现代农业服务支撑空间。

（1）居住空间向生产空间转型

基层村居住空间主要包括宅院空间、宅院建筑空间、靠山式窑洞、街巷等。

宅院空间呈现院落状态，一般多有树木，家庭养殖类小型构筑物（如鸡舍、猪舍、羊舍等），硬质铺装多为砖砌体铺装，易于转型；难点是树木，复杂点是宅院和宅院的建筑物是一个整体，难以分离。所以宅院空间绿色转型的对策是转型为林业生产空间，保留现有树木，扩大发展林业生产，这样可以利用院落中的集水窖、铺装、树木，没有拆除，变废为宝。

宅院建筑空间一般包括居室空间、厨房与储藏空间，其在宅院中的布局呈现围合式，但一般两屋之间并不全围合，有部分为夯土院墙相隔，具有群组的可行性。宅院建筑正房布局规矩、空间较大，主要有砖混结构和靠山式窑洞两种；侧房空间较小，主要有砖混结构和砖木结构；门房目前多为砖混结构。单个宅院建筑面积一般在100m^{2}左右，规模较小，建筑品质一般但建筑寿命未到期，建议转型对策为成片整合，打通宅院群院墙分割关系，通过简单改造，利用原有居住空间发展规模化现代畜牧养殖产业。

靠山式窑洞是黄土沟壑区基层村常见的正房建筑形式，这种建筑具有地域特殊性，它具有建造简单、冬暖夏凉、低碳生态的优点，但它消解很难，物质消解的方式只有让它塌掉，但这样破坏了地形地貌，还需大量的土方工程消耗。基于靠山式窑洞多联排成群的特征，结合宅院建筑的空间转型对策，建议靠山式窑洞联排改造，联通内部空间，推行生态畜牧养殖场，变害为宝。

街巷作为邻里居住空间的交通组织与活动空间，具有强烈的邻里归属感，故将其仍然归属于居住空间。邻里街巷空间具有交通、农业生产附属、交往等职能，当前的现状一般有硬化的道路、树木、旱厕、堆场等。其空间转型对策为，结合邻里单元林业与畜牧业发展方向，将现有道路、树木利用起来，适应性统筹并将所有空间作为新型生态林畜生产单元的内部空间。

（2）公共空间向生产空间转型

基层村公共空间主要包括文化广场、池塘、麦场等。

文化广场一般多为近几年社会主义新农村建设所配置的空间，为混凝土场地，未来可转型为粮食晾晒场。

池塘可以作为养殖业用水和林业养殖用水地，是绿色节水的合理转型。

麦场是传统农耕模式的产物，在现代联合收割机械模式下已失去功用，但它纯粹是一个黄土场地，可直接复耕变为优质耕地。

（3）公共建筑空间向生产空间转型

基层村公共建筑空间主要包括学校、村委会、文化站、商业服务建筑等。

学校一般建筑规整，单体建筑空间面积较大，且有较大的外部场地空间，在基层村消解期，可以将建筑首先转型为村庄养老院，同时将外部场地转型为生态林、景观林或经济林，借用老人进行种植和培育，一举两得，远期转换为现代农业生产服务基地，作为办公、存放农业机具等之用。

村委会、文化站和商业服务建筑一般设置在一起，均为结合文化广场所新建（社会主义新农村建设时期统一配置建设而成）。鉴于文化广场转型为粮食晾晒场的转型方向，所以未来的村委会、文化站、商业服务公共建筑也应相应转型为临时性粮食库房，实现现代大农业生产发展需求。

6.3.2 建筑生活空间物质元素向生产建筑空间物质元素转型

黄土沟壑区基层村建筑生活空间物质元素指村落各类建筑物的主要建构材料元素，包括砌体材料、门窗材料、木材、屋面小青瓦、混凝土废弃材料、土砌体材料与夯土墙体等。所谓生产建筑空间物质元素，指现代农业中的种植业、林业、畜牧业各类生产性建筑物、构筑物的主要建构材料。实现建筑生活空间物质元素向生产建筑空间物质元素的全面转型，是基层村绿色消解的重要工作。

（1）砌体材料

在黄土沟壑区基层村，砌体材料即烧结黏土砖，且一般都是实心黏土砖，规格为235mm × 115mm × 55mm，粘结材料一般为水泥砂浆 + 黏土 + 石灰，它们均难以逆向消解，如不加以利用，将会成为巨大的环境垃圾。农村建筑多建的楼层，粘结材料强度低，而农业生产建筑物和构筑物的等级低，所以这些砌体材料的回收利用完全具备条件，只是需要政府的制度约束和补偿政策引导。

（2）门窗材料

黄土沟壑区基层村现有门窗类型主要有两种：老房子均为玻璃木窗，新房子均为铝合金或铝塑复合窗，新老房屋室门均为木质门。这些门窗虽然质量一般，大小形式各异，但对生产性建筑来讲完全能够胜任其功能，而且其建筑外观形式也别具特色，来源于民居并回归到农业建筑中去。

（3）木材

黄土沟壑区基层村的许多老房屋，是砖木结构或土木结构，有木质梁、柱、椽、檩，这些房屋建筑质量较差，多危房，所以多数应该拆除，而拆除的木材在农业生产建筑、农产品生产（如蘑菇养殖）和农产品包装等方面均有用武之地，可以进行回收再利用。

（4）屋面小青瓦

农村传统老房屋多用小青瓦，这些材料今天已生产不多。小青瓦一般平铺于斜坡屋面，非常耐用，容易拆除，也容易运输，很具地方民居建筑文化特色，所以小青瓦不存在太大的消解问题，它甚至在现代城镇地域建筑再利用中拥有广阔天地。纵然有些价格不菲，但许多高品质的文化建筑，不仅将其用于屋面，而且用于墙体装饰、地面铺装。

（5）混凝土废弃材料

农村新建房屋混凝土部分的主要废弃材料有混凝土楼板和混凝土梁，而且基本上均为预制混凝土楼板，规格也多为3~4m之间，其梁与楼板之间没有钢筋连接，比较容易拆除，而拆除的楼板模数类同，在现代农业生产建筑乃至步行桥梁等处具有非常广阔的用武之地。

（6）土砌体材料与夯土墙体

黄土砌体材料有土砖（未烧结）、胡结（加少许麦草蒹），它们质地不坚硬，没有质变，用水浸泡后立刻消解，回归黄土质地，所以对其消解可直接就地还原，没有任何危害。夯土墙的消解办法与此相同。

6.3.3 农户分散型责任田向家庭农场集中型承包田转型

黄土高原基层村的绿色消解，必须是顺势的、成熟的和适应性的，是农民离土后的需求性离乡，是生产推动型的，是群众自愿迁移的，不是拔苗助长的、政治性的和强迫性的。所以农户分散型责任田向家庭农场集中型承包田转型，是一个很重要的充分条件，具体对策有以下几点。

（1）土地集约方式

建立在包产到户机制下的传统小规模农户向家庭农场集约转变，在不违反现行农地制度和尊重农户意愿的基础上，通过耕地流转，将土地、劳力、农机等生产要素适当集中①。

① 中国农村研究报告（2010）[M]. 北京：中国财政经济出版社.

（2）土地托管方式

土地托管本着“依法、自愿、有偿”的土地流转原则，以及“合作社进退自由”的要求，针对不同经济条件和发展水平，允许土地以“半托”“全托”“承租”“入股”等各种托管形式长期并存，让农民自己选择土地托管模式，不搞行政命令推动[①]。

土地托管模式为四类[②]：

“半托”型合作模式。一些季节性在外打工和家庭劳动力不足或缺少技术的农户，按照自己的实际需要，自愿选择服务项目，托管组织提供服务，服务结束后由农户验收作业质量，托管组织和农民结算服务费用。服务以播种、收割和病虫害防治为主。

“全托”型合作模式。主要是常年外出打工或无劳动能力的农户，将土地委托给托管组织全权管理，托管组织提供从种到收全程服务。全程托管又可分为收益型全托和服务型全托两种。收益型全托是指农民将土地委托托管组织全权管理，托管组织每年给农民定额的租金或分红。服务型全托是产前、产中、产后的“一条龙”服务模式，托管组织收取服务费，并向农户保证达到定额的产量。

承租型合作模式。多年外出打工或举家外出多年的农户，与托管组织达成协议，并签订土地流转合同，明确双方的权利和义务，农户将土地经营权流转到托管组织，由托管组织统一经营。

土地入股模式。农民用土地作股加入托管合作社，参与合作社经营，利益共享、风险共担。

（3）政策措施

将发给每户的每年每亩的土地流转费补贴转为奖励补贴，奖励范围有家庭农场粮食高产竞赛、秸秆还田、农机直播、新农艺新技术推广、生产考核等，奖励补贴与考核结果挂钩。

（4）健全土地流转收益的分配机制

地方政府不应直接参与集体建设用地流转收益分配，农民集体主要参与建

① 丁毓良，武春友．生态农业产业化内涵与发展模式研究［J］．大连理工大学学报（社会科学版），2007，4：37-41.

② 同上。

设用地初次流转的收益分配，农民参与集体建设用地每次流转的收益分配[①]。

6.3.4 基础设施空间元素向生产设施空间元素转型

黄土沟壑区基层村的基础设施空间元素，指村庄现有的交通性干道、生活给水设施、生活电力设施、电信设施等。这些设施在基层村消解期部分性逐步开始失去作用，似乎可以拆除，但如果如前文所述的空间转型对策运用科学合理，则基层村的大部分基础设施空间元素实际上都能实现向生产设施空间元素的转型。

（1）交通性干道

黄土沟壑区基层村交通性干道，指基层村的对外交通干道与基层村内组织各个邻里生活单元之间交通的主干道，这里不包括各个邻里单元内部宅院之间的道路。基于村庄建筑生活系统各空间向生产空间的绿色适应性转型需求，它们消解的对策是对物质空间元素保留利用，但改变其职能作用，坚持用利用现状、减少浪费、提高使用绩效的原则进行绿色消解。

（2）生活给水设施

黄土沟壑区基层村一般没有生活排水设施，但在国家“村村通”工程惠民后，目前村庄一般都有生活给水设施，过去依赖井水、窖水作为生活用水的方式已经不复存在。这些给水设施一般包括干管和入户支管，干管质量较好，完全可以保留，支管多为塑料软管，可根据生态林畜业新空间模式进行给水设施改造。过去宅院存留的水井、水窖依然可以作为雨水收集的节水型生产用水模式，这些传统水源虽然不宜作为人的生活饮水，但作为养殖用水依然有必要价值，尤其对水资源匮乏、年雨量集中且多暴雨的黄土高原地区尤其如此。

（3）生活电力、电信设施

基层村生活电力电信设施一般包括变配电设施用房、电力干线、电信干线、线杆（基层村通常均为架设）、通信基站，以及宅院末端线路等。除末端线路有更改的需求外，其余电力电信设施均适宜现状转型再利用，没有必

---

① 中国农村研究报告（2010）[M]. 北京：中国财政经济出版社.

要简单废弃拆除，从职能上生活转生产，在空间上基本利用现状格局，让生产适应空间。现代养殖业与经济林也要规模化家庭生产，必须采用远程监控和自动化操作生产模式，有线通信与无线通信在现代农林业生产区是必备的基础设施。

总体而言，黄土沟壑区基层村规划必须建立现代农业生产的基础设施支撑体系，在规划中应树立充分再利用现有生活基础设施的指导思想和规划原则，做到生活基础设施向农业生产基础设施的绿色转型。

6.3.5 历史文化遗产空间向休闲旅游空间转型

黄土沟壑区基层村历史文化遗产空间一般包括以下内容：一类是建筑生活历史遗存的村墙、村门、庙堂、祠堂、戏台、塔、碑、池塘、传统工坊以及典型完整的传统民居精品等；另一类是传统农耕文化的典型历史遗存，这种农耕生产模式已经向前发展，但这种文化尚需展示与永续传承下去；第三类是黄土沟壑区基层村非物质文化遗产，有信天游、民风、民俗、社火、老竿、地方戏、地方饮食文化等，产生发展这些非物质文化的社会空间变了，但未来这些非物质文化也必须在部分典型村落得以展示与传承。具体对策如下。

（1）古村落历史物质文化遗产保护

划定保护范围，制作石碑保护图文，立于各保护对象旁边，并赋予传说与风水依据，利用法律、民俗、风水和归属性的约束力，确保这些古村落历史物质文化遗产得以永续保护，留住地域乡土文化物质形态的活化石，为休闲旅游类基层村提供区域历史文化展示体系景点。

（2）古村落历史物质文化遗产修复

结合古村落休闲旅游产业需求，对传统物质文化采取修复的模式，做到修旧如旧。对有一定安全性能的历史遗产建筑，通过修复延长其使用寿命；对于安全性不足且具有改造价值的既有建筑，通过整治改造予以提高安全性（包括新材料、新技术的介入，构件的加固或更换，甚至结构体系的改变等）；对于安全性严重不足且不具备改造价值的既有建筑，通过技术鉴定并予以更新（重建）；对于传统村落保护中部分建筑的更新建设（原址新建、重建，复制，迁建），在符合所在村落整体风格、风貌的前提下，可以采用现代结构体系、仿古建筑形式，达到安全性能提升的要求。简言之，为了防止基层村历史物质文化遗产持续衰败，结合典型旅游村对其适当修复；为了使其稳固，对其进行补强；为了可持续利用，对其调适以求重生。

（3）古村落传统农耕文化的典型历史遗存保护与发展

结合休闲旅游产业的特殊需求，展示与传承地域典型传统农耕文明模式。如在传统农耕文明体验区，让游客参观、游览、参与、体验传统农耕生产方式下的劳动内涵与表征，活化式展示与传播传统农业、农具、农畜、农民、土地与自然的和谐关系，打破传统以“民俗展览馆陈列农具”的僵化式展示与陈列形式。

（4）黄土沟壑区基层村非物质文化遗产保护与展示

黄土沟壑区基层村非物质文化遗产保护与展示包括以下几点对策：

首先，要将非物质文化遗产的保护与传承作为一种体面、有收入的职业，使其有市场，这就是旅游市场的体系建设。

其二，要为非物质文化遗产的展示提供原生态的自然与空间场所，这就是历史物质文化遗产保护与修复的现实意义。

其三，建立地方非物质文化遗产保护机构，国家对地方非物质文化遗产的保护要注入持续扶持资金。

6.4 适应基层村绿色消解的规划编制要求调控对策

在现行村镇规划编制体系中，村庄建设规划包括中心村与基层村。中心村既存在人口向上层级城镇消解的一面，又存在集约下层级基层村人口的一面。而基层村一般均处于消解的状态。

依据现行村庄建设规划编制办法，基层村建设规划一般是指依据镇总体规划所确定的基层村发展性质、规模，针对基层村建筑生活系统的空间布局与建设发展进行的具体规划设计。

由于当前村镇体系的巨大变化，所以基层村规划的基本程序、目标、内容、程序与方法均需要发生质变，否则将会为基层村的发展带来巨大危害。

6.4.1 独立编制镇域规划

现行镇规划标准将村镇体系规划作为镇总体规划的一个子内容，其编制内容、深度、与方法均已不适应新型镇村发展形势，因此建议独立编制镇域规划。镇域规划决定着镇域新型农村社区体系的布局，决定着基层村的发展性质与人口流转方向。只有立足镇域，才能在产业、人口、空间分布与管制、资源统筹、交通、基础设施、公共设施、环境保护、文化遗产保护等方面科学决策（表6-1）。

镇域规划图纸与内容 表6-1

序号	图纸名称	图纸内容	必选/可选
1	区位图	标明镇在大区域中所处的位置	必选
2	镇域现状分析图	标明行政区划、村镇分布、交通网络、主要基础设施、主要风景旅游资源等内容	必选
3	镇域经济社会发展与产业布局规划图	可选择绘制镇域产业布局规划图或镇域产业链规划图，重点标明镇域三次产业和各类产业集中区的空间布局	必选
4	镇域空间布局规划图	确定镇域山区、水面、林地、农地、草地、村镇建设、基础设施等用地的范围和布局，标明各类土地空间的开发利用途径和设施建设要求	必选
5	镇域空间管制规划图	标明行政区划，划定禁建区、限建区、适建区的控制范围和各类土地用途界限等内容	必选
6	镇域居民点布局规划图	标明行政区划，确定镇域居民点体系布局，划定镇区建设用地范围	必选
7	镇域综合交通规划图	标明公路、铁路、航道等的等级和线路走向，组织公共交通网络，标明镇域交通站场、静态交通设施的规划布局和用地范围	必选
8	镇域供水供能规划图	标明镇域给水、电力、燃气等设施的位置、等级和规模，管网、线路、通道的等级和走向。	必选
9	镇域环境环卫治理规划图	标明镇域污水处理、垃圾处理、粪便处理等设施（集中处理设施和中转设施）的位置和占地规模	必选
10	镇域公共设施规划图	标明行政管理、教育机构、文体科技、医疗保健、商业金融、社会福利、集贸市场等各类公共设施在镇域中的布局和等级	必选
11	镇域防灾减灾规划图	划定镇域防洪、防台风、消防、人防、抗震、地质灾害防护等需要重点控制的地区，标明各类灾害防护所需设施的位置、规模和救援通道的线路走向	必选
12	镇域历史文化和特色景观资源保护规划图	标明镇域自然保护区、风景名胜区、特色街区、名镇名村等的保护和控制范围	必选

资料来源：笔者自绘

6.4.2 编制镇域现代农业发展规划

在黄土沟壑区，镇是现代农业基本生产单元，今天我们必须改变传统规划编制体系，依法编制镇域现代农业发展规划。

黄土沟壑区镇域农业发展规划编制内容应包括以下几个主要方面：

（1）总则（规划背景、依据、期限）

（2）现状问题、资源条件、发展动力

（3）指导思想、发展目标、

（4）产业空间布局

（5）主要农业产业发展规划

（6）产业体系组织与产业经营

（7）农业产业园区建设

（8）规划实施的保障机制

（9）环境保护与风险灾害防治

镇域规划与镇域农业发展规划相结合，才能真正为黄土沟壑区基层村的绿色消解与可持续发展保驾护航。

6.4.3 编制基层村村庄整治利用规划

在黄土沟壑区，应停止编制基层村现行村庄建设规划、村庄整治，针对基层村特点，以基层村消解期为规划期限（可依据镇域规划各基层村消解期计划确定，不必统一），编制黄土沟壑区基层村村庄整治利用规划。

所谓基层村村庄整治利用规划，是基于镇域规划与镇域农业产业发展规划成果，就基层村消解期村庄建筑生活系统改善性更新与利用性绿色消解双性问题所编制的规划，主要包括以下两部分规划内容：

（1）基层村村庄整治规划

①村庄安全防灾整治

②农房改造

③生活给水设施整治

④道路交通安全设施整治

⑤环境卫生整治

⑥排水污水处理设施

⑦厕所整治

⑧电杆线路整治

⑨村庄公共服务设施完善

⑩村庄风貌整治

⑪历史文化遗产和乡土特色保护

⑫农村生产性设施和环境整治

（2）基层村村庄利用规划

①消解生活空间的利用

②消解建筑材料的利用

③消解基础设施的利用

④历史文化遗产的利用

⑤农业生产用地的整合利用

将以上两部分内容统筹规划，才能形成一个具备消解期适应性的“黄土沟壑区基层村村庄整治利用规划”，才能保障规划技术的科学支撑力。整治的同时是为了利用，利用也同样是为了整治。

6.5 小结

黄土沟壑区基层村转型发展所面临的一系列问题，并非依靠基层村能够自行解决。解铃还须系铃人，基层村必须自强自律自信，同时也必须寻求更大系统的互惠和彼此之间的依存，应以城乡各层级整体的视野，从社会、经济、环境多方面应对，基于积极发展与绿色消解指导思想，整合自然生态系统、建筑生活系统和农业生产系统，转型基层村生活空间及其元素，调控规划编制内容与办法，实现黄土高原基层村建筑生活系统的绿色消解。

7 黄土沟壑区基层村消解的规划实践探索

7.1 青海洪水泉村退耕还草式绿色消解规划设计实践

洪水泉村位于青海省海东市平安县城30km处（图7.1），属黄土高原与青藏高原交汇处的高海拔浅山区，村域海拔高度从2203m到2725m。洪水泉村历史悠久，完整保存明代清真大寺建筑群，是汉文化与伊斯兰文化的结晶，其建筑风格全国罕见，现已被列为全国重点文物保护单位。该村村民均为回族，信奉伊斯兰教，由于自然条件差，经济落后，因此外出务工人数多，形成大量两栖人口。由于生态环境脆弱，自2001年开始实行退耕还草

图7-1 洪水泉村区位图

图片来源：笔者自绘

政策，截至目前全村还草面积共达900余亩，生态环境逐步恢复。洪水泉村处在青海肉羊“西繁东育”的基地之中，目前养羊业为该村的主导产业。

洪水泉村是典型的西部生态脆弱地区少数民族聚居型村落。该村面临着文化传承、生态恢复、经济振兴、人居环境建设等一系列问题，因此探索其绿色消解的途径，破解发展制约的瓶颈，有着积极的示范作用，这便是选取该案例的意义。

7.1.1 洪水泉村生产、生活、生态现状格局与发展形势

1. 洪水泉村生产现状格局

目前，村中现有的产业有农业与旅游业。虽然洪水泉有着独特的文化与景观资源，但旅游业的发展还处在萌芽状态。农业作为村中的主导产业，包括种植业与畜牧业。其中种植业面临着大幅萎缩的现象。全村现有耕地面积4000余亩，由于干旱少雨、土地贫瘠、种植业收益低，农民耕种的积极性不高，近几年的实际耕种面积不足总面积的40%，总产量也随之降低，如遇天气条件不好的年份，则会出现绝收的情况。

畜牧业主要为肉羊育肥产业。由于养羊是回民的传统产业，回民在养羊方面积累了丰富的经验，同时该村所处的海东地区有着适宜的自然气候条件，是青海省“西繁东育”的肉羊育肥基地，加之当前全国对羊肉需求增高，市场好，因此洪水泉村的肉羊育肥产业发展较好，是村中本地经济的主要来源。但目前存在着养殖规模小、效益不高，技术与设施落后，养殖业对乡村人居环境影响大等问题。2011年全村羊存栏11989只，共有养羊户78户，占常住户数的74%。养羊业发展的主要瓶颈是缺乏资金，难以扩大规模与改善设施。这个瓶颈主要是由于优势人口外流，导致其创造的财富多用于外部的消费、置业与投资，并未回归乡村产业，致使畜牧业发展缓慢。

2. 洪水泉村生活现状格局

1）人口现状与流动

洪水泉村是回族村，人口规模1362人。根据住户流动现状情况，可将村中的家庭分成基本常住户、标准常住户、半离村户、离村户四种类型。

基本常住户为全部成员常年居住在村中；标准常住户为部分家庭成员外出务工的住户；半离村户为全部家庭成员外出务工，节日回乡居住；离村户为全部家庭成员常年在外工作生活，多年未归。通过调研得出，洪水泉村中总住户225户，基本常住户52户，标注常住户54户，半离村户8户，离村户111户（图7-2）。

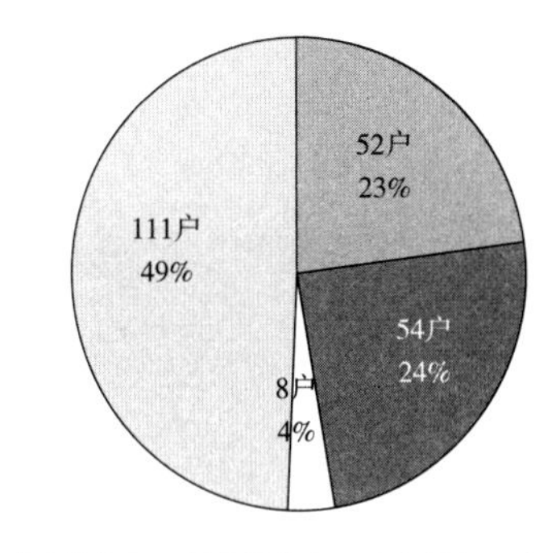

图7-2 各类型住户数量比例构成

图片来源：笔者自绘

2010年，外出人口为773人，占总人口的56.8%。外出人口比重大，户数多，外出时间长，但真正落户城镇的人口并不多。在外围经济条件出现波动时，或遇到重大宗教节日时，会出现不同数量的返乡人口。

2）生活环境状况

外出人口众多，交通不便，人口回乡后失去收入来源，因此外出人口返乡时间短，频率低。由于缺少使用，全村近80间宅院空置，近半数的建设用地被闲置宅院所占据。废弃的宅院造成土地资源的浪费，严重影响村容村貌，带来破败感，更促使村民背井离乡，形成恶性循环。

村中的民居建筑多为一层，平顶为主，两边或三边院落式组合空间，有院墙围合。建筑采用砖木结构，选用木制梁柱，以土坯砖作为墙体的材料，南向加装铝合金日光间。当前的民居建筑形式虽然保温性能良好，建设成本低，但是抗震、防潮性能差，厨卫设施落后，铝合金阳光间与传统风貌不协调。由于该类型的建筑已经无法满足当前的生产、生活需求，因此搭建有许多临时性的建、构筑物，如羊圈、厕所、储藏间等。这些建、构筑物建造简陋、安全性差、设施不全、破坏村容村貌（图7-3）。

3）文化传承与文物保护状况

明代清真大寺（图7-4）、回族聚居村落以及传统文化和生活方式，都承载着优秀的地域文化与宗教文化，是洪水泉村可持续发展的精神文化基础。当前乡村人才流失，乡土情感渐弱，使得参与宗教活动、传承传统文化

图7-3 洪水泉村村落现状照片

图片来源：笔者自摄

图7-4 洪水泉清真大寺现状照片

图片来源：笔者自摄

的人员逐渐减少。经济衰落，资金外流，造成清真大寺修缮经费紧张，虽然主体建筑保存完好，但已出现附属建筑开始破败、临近山谷中的大量生活垃圾无人清扫、周围新建建筑与清真大寺风貌不协调等问题，严重影响村落风貌与文物保护。

3. 洪水泉村生态现状格局

洪水泉村地处黄土高原向青藏高原的过渡带，受黄土地貌、土质疏松、山高坡陡、植被稀少、降水年内分配不均等自然原因和人为因素影响，生态环境恶化，水土流失严重。为了控制黄河、长江的水土流失，减轻北方风沙危害，保障国土安全，改变广种薄收的耕作方式，开仓济贫，增加农民收入，自2000年起国家开始实施退耕还草政策。洪水泉村所处的青海海东地区被列为退耕还草的试点区域。截至2011年，全村共退耕900余亩，部分生境已逐渐恢复，但村域内仍有大量低产田，整体的生态系统还很脆弱。

4. 发展形势

当今，延续地域乡土文化、保护特色景观环境、维护文物生存环境、推进现代农业发展、改善乡村人居环境等观点正在逐步成为社会共识，具有重要历史价值村落的发展也开始得到各方政策、资金、人才的支持。因此，洪水泉村这个独具特色的村落，不应湮没于当今基层村消解的大潮中而成为历史。保存珍贵的清真大寺与回族乡村聚落，改善脆弱的高海拔浅山区生态环境，革新落后的生产经营模式，延续传统的青海回族生活方式，将是洪水泉村今后发展的道路。

7.1.2 面对消解的洪水泉村现代生态农业与旅游产业发展规划

1. 产业发展总体战略

构建“宗教、农业观光旅游—养羊产业—富硒生态农业”三位一体的生态循环产业链条（图7-5）。

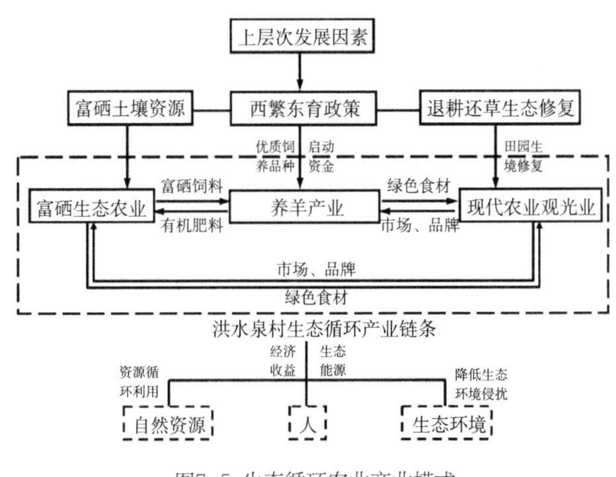

图7-5 生态循环农业产业模式

图片来源：作者自绘

近期以养羊产业作为村民增收的主要增长点，农作物种植类型依据养羊产业调整为以牧草为主，富硒农产品与粮食种植为辅。养羊产业中的副产品羊粪一方面通过沼气池堆沤发酵的方式转化为有机肥料推入到种植生产中，另一方面利用沼气作为农户家中做饭、照明的主要能源。

远期以富硒特色农产品种植与养羊产业，共同支撑特色农业观光、休闲旅游产业，同时以旅游服务为纽带，为本地富硒食材如羊肉、土豆等进一步打开市场、树立品牌。以此形成洪水泉村绿色生态、资源集约利用、高经济附加值的特色产业链条①。

2. 生态产业发展规划

生态系统是村落发展的基础，恢复破损的生态环境是复兴农业、发展旅游业的必要条件，因此首先应进行村域生态系统的规划与重建。同时，生态系统的建设不应仅限于一项公益事业，对于贫穷落后的洪水泉村，在争取各

① 转引自：笔者主持规划实践项目《青海省平安县洪水泉村村庄规划（2012—2025）》说明书。

方财力支持的前提下，也应将生态系统建设纳入村落产业之中，为村落的经济发展贡献力量。

1）基于生态、生产共赢原则的村域用地规划（图7-6）

洪水泉村村域总面积10.50km^2，现状用地性质主要有：退耕还林还草用地、农耕用地、聚居建设用地。当前村域用地结构与分布不合理，低产田比重高，粮食种植面积大，为畜牧业服务的草地面积小。因此，利用GIS技术，通过重新安排村域用地的分布与功能，满足生态与生产的双重需求，实现共赢。

将村域用地规划为自然生态涵养区、村落规划建设用地、农业生产用地三部分。

自然生态涵养区，为村域范围内的天然草场、植被和退耕还林、还草的900亩耕地，其作为洪水泉村的自然生态保护区，严禁任何性质的农业生产、建设活动侵入该片区。

1. 农业产业发展思路：

近期以养羊产业发展为主，旅游产业、富硒生态种植业为辅；远期以旅游业为主，养羊产业、富硒生态种植业为辅，支撑旅游业的发展。

2. 规划策略：

针对农业产业规划思路提出“粮食、富硒生态农作物、牧草”三元种植模式。

各类耕地利用方面，提出耕地动态量化模式，即农民根据各自生产条件和市场情况，调整各类农作物种植配比的方式。

耕地布局方面，结合浅山区自然地貌，农作物生长习性以及村民劳作可达性，将人工草地主要种植在缓坡地（5°~15°）和陡坡地（15°~25°），口粮田和富硒田主要分布在平坡地（<2°）、微斜坡地（2°~5°）和缓坡地（5°~15°）。

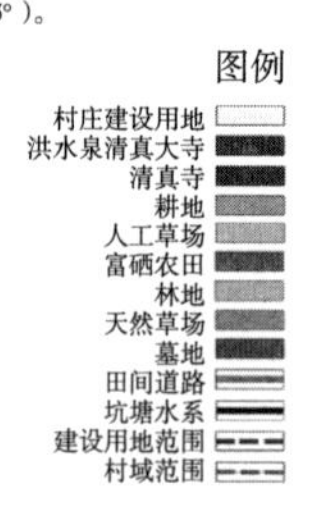

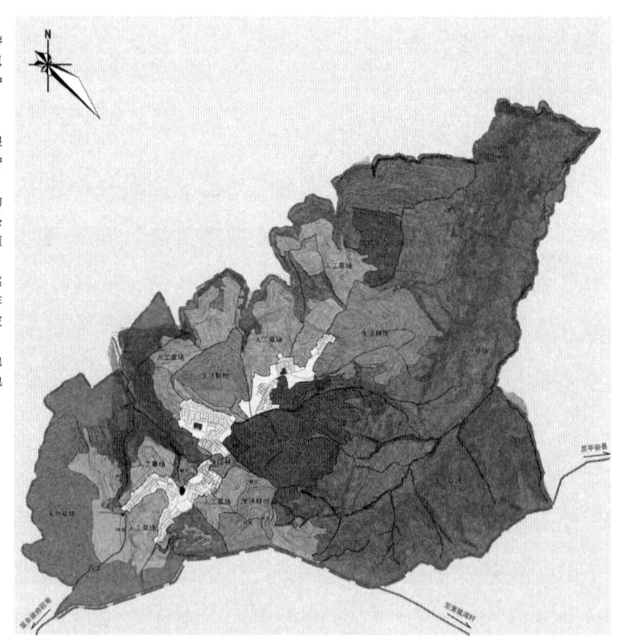

图7-6 洪水泉村村域土地规划图

资料来源：笔者主持规划实践项目《青海省平安县洪水泉村村庄规划（2012—2025）》

村落规划建设用地，延续洪水泉村南、北、中心三个组团大分散、小集中的空间格局，重新确定村落规划建设范围，共计43.44hm^2[①]。

农业生产用地，针对洪水泉村农业发展与劳动力老龄化的现状，按照“牧草—粮食—富硒生态农作物”三元农业种植模式的需求，根据耕地的可达性与耕地自然坡度条件，重新划分耕地性质和劳作分区。将距离村落较近的耕地、坡度在≤2° 的平原耕地和2°~5°的微（斜）坡耕地作为粮食种植的生活性耕地，以切实保证村民的温饱问题；以距村落稍远的微（斜）坡耕地和缓坡耕地（5°~15°）作为富硒农作物生产的试验田，探索特色富硒农作物的本地适应性；综合考虑养羊产业放牧的需要和陡坡地（15°~25°）不适宜耕种的特点，利用此类耕地种植人工牧草，结合青贮技术，为洪水泉村养羊产业提供全年优质的草料，以切实降低养羊户养殖成本[②]。

2）恢复修养生态系统，营建自然景观，发展旅游服务产业

借助退耕还草政策，恢复村域中的草地与灌木林。通过植树造林，在废弃宅院、村落空地、沟壑谷地等地广植杨树等乡土树种，最终形成草、灌、乔结合的立体植物群落，恢复村域生态环境，形成植被茂密的高海拔浅山区自然景观，为今后洪水泉村的乡村旅游业开发积累本底资源。

3. 种植业发展规划

1）种植业发展战略

目前，洪水泉村种植业主要以粮食作物为主，属附加值较低的产业。浅山区地貌特征限制了种植业现代化的发展，被山形分割的零散农田无法投入大规模的机械化生产，造成种植业仍保持着传统的耕作方式，干旱少雨、年景较差时，粮食种植往往入不敷出。因此种植业应摆脱单一的粮食种植模式，向多元化农业作物种植方向转型，即形成“基本口粮+结合地方资源的多种特色作物”模式[③]。

综上，将洪水泉村的种植业发展战略定位为“富硒生态农业与粮食种植相结合”的产业格局。

---

① 转引自：笔者主持规划实践项目《青海省平安县洪水泉村村庄规划（2012—2025）》说明书。

② 同上。

③ 同上。

2）构建种植业产销一体产业循环链条

本着“以城带乡，以工补农、城乡统筹发展”的思路，结合平安县工业园区的建设，一方面加强农户与生产厂商的分工和合作关系：农户为生产厂商提供生产原料，生产厂商为农户提供市场信息、技术支持和农产品的加工与销售；另一方面，通过土地流转的方式将农村闲散耕地承包给投资商，由投资商提供现代化生产技术条件雇佣农户进行规模化生产；最后，农户联合成立农副产品公司，即“公司+农户”的形式，既可以弥补农户对于市场信息了解不足的缺陷，又有助于生产的规模化、集约化。依据上述三种途径，将洪水泉村的生产基地与平安县城的加工、销售基地联系起来，从而形成城乡间产销一体的循环经济链条，以达到城乡发展的双赢①。

4. 畜牧业发展规划

1）畜牧业发展战略

畜牧业是当前洪水泉村的主要本地经济来源，也是今后维持村落存在与发展的重要产业支柱。今后洪水泉村畜牧业的发展应尽早形成肉羊的自繁自育能力，大力推行种羊养殖良种、良舍、良料、良法四配套，提高养羊产业经济效益；强化羊粪便的无害化处理，推动有机肥全面替代化肥，提高土壤有机质，使饲养量与环境容量合理结合；逐步替换传统散养模式，采取规模化的圈养与少量散养相结合的方式②。

2）“外部资助启动+自循环”发展模式

针对缺乏资金的农户，需要借助外部政策力量启动牧业养殖生产。具体措施为：为每户提供一只种羊和二十只母羊（最基本的养殖规模），以及相应的养殖技术培训，要求这些被援助农户每年无偿向其他经济条件较差农户提供6只健康母羊，提供三年，以形成最基本的养殖规模单位。通过引入优质种羊改善地区饲养品种和滚动式发展相结合的方式来帮助农户尽快启动养羊产业③。

3）“牧草种植+青贮技术”发展模式

应对高海拔浅山区牧业饲料成本过高的问题，人工种植紫苜蓿，采用人

---

① 转引自：笔者主持规划实践项目《青海省平安县洪水泉村村庄规划（2012—2025）》说明书。

② 同上。

③ 同上。

工牧草种植结合饲料青贮的技术方式，以提高牧业的年产量。

5. 旅游业规划

1）旅游产业的选择

高海拔浅山区的自然景观、洪水泉清真大寺、传统回族聚居村落，河湟谷地独特的伊斯兰风俗等，都是洪水泉村异于其他基层村的独特资源本底，也是国家的宝贵财富。在消解的过程中，要有效地保护这些资源，就必须维持洪水泉村的存在与发展，而这又必须立足于乡村产业的健康发展之上。目前公认的适宜于历史文化村落的产业发展模式是乡村旅游业，该产业效益高，对环境破坏较小，能有效延续历史文脉，因此旅游业今后将作为村中的重要产业。

2）旅游业的发展对策

以"立足于乡村旅游业，开发和利用村落历史人文资源，创造新的经济价值，引导洪水泉村发展成为聚落与自然环境优美，传承民族文化，实现具有自发展能力的现代化回族村落"为目标。

洪水泉村旅游业的发展应采取以下对策：

首先，要先保护再开发，坚持整体保护的原则。洪水泉清真大寺的保护不能够"就寺论寺"，要对以洪水泉清真大寺为中心的中心组团进行整体保护，划定核心保护区、风貌控制区、协调发展区三个保护区。协调和调整中心组团的宅院形式和住户，保持整体村貌与洪水泉清真大寺的统一。

其次，结合平安县未来旅游产业的发展规划，将洪水泉村纳入大区域的旅游线路中，加强投资提升洪水泉村的基础设施建设。

再次，保证洪水泉村风貌的原真性，增建无关的商业性旅游服务设施，将洪水泉清真大寺及村民宅院作为观光农业主要景点和经营场所。一方面，保证了游客对乡村风光生活原真性的体验；另一方面，保证村民自主经营，能够切实获益，同时大大降低了旅游业启动成本。

最后，洪水泉的环境景观不是设计出来的，而是自在衍生出来的。杜绝引进外来景观植物品种，避免大规模的开发建设，以本地的浅山区自然地貌、高山草场、灌木丛、白杨树、农田等作为洪水泉村主要自然景观[①]。

① 转引自：笔者主持规划实践项目《青海省平安县洪水泉村村庄规划（2012—2025）》说明书。

7.1.3 面对消解的洪水泉村建设规划布局

基于村落南、北、中心三个组团不同的现状环境与资源条件，分别对三个组团进行不同的规划策略引导（图7-7）。

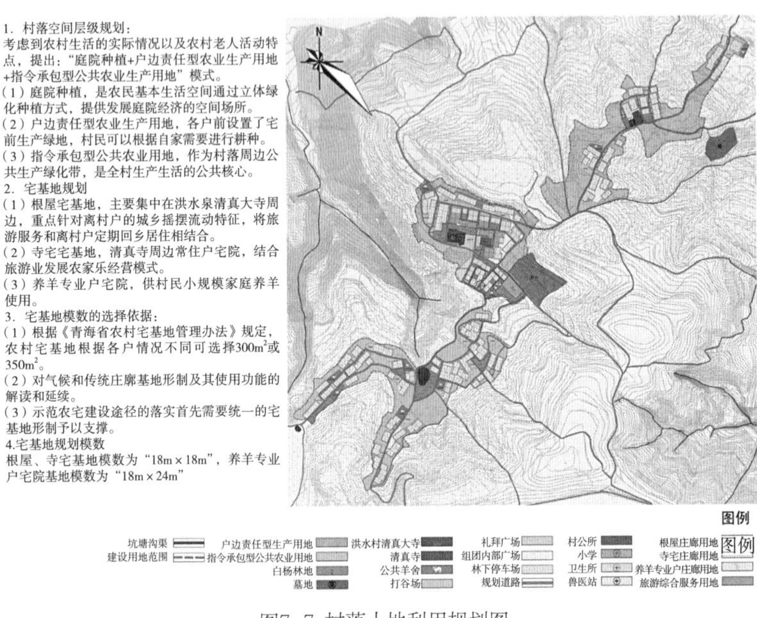

图7-7 村落土地利用规划图

图片来源：笔者主持规划实践项目《青海省平安县洪水泉村村庄规划（2012—2025）》

中心组团：以清真大寺的保护及传承为发展主线，以回族聚居生活及乡土休闲旅游为主要功能，以建设完善乡土人居环境为根本出发点和落脚点。

南组团、北组团：是以村民生活生产为主要职能的生活性聚居地，规划通过庄廓的整合改变了北组团庄廓零散分布的现状，在依托现状布局的基础上形成了"大分散、小聚合"的生活片区，此外考虑到南、北组团相距中心组团较远，受旅游业辐射影响较弱，南、北组团主要以养羊产业为主导，院落均采用养羊专业户建筑形式，并增加公共羊舍的配置面积，以规模化现代饲育方式提高养羊产业经济效益①。

① 转引自：笔者主持规划实践项目《青海省平安县洪水泉村村庄规划（2012—2025）》说明书。

1）清真大寺保护区划定

综合清真大寺的保护、旅游业的发展、村落民族风貌的展现等因素划定清真大寺保护区（图7-8）。

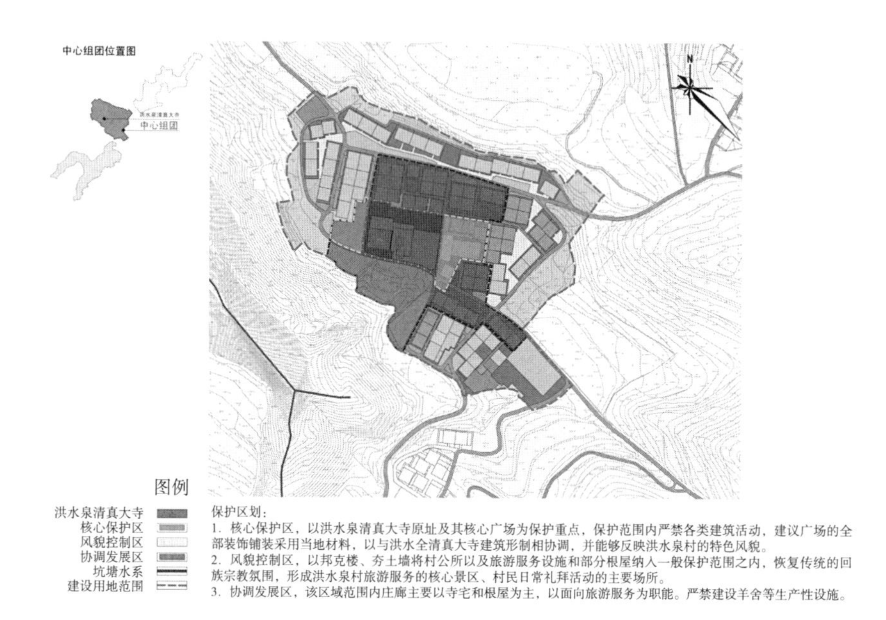

图7-8 保护范围区划图

图片来源：笔者主持规划实践项目《青海省平安县洪水泉村村庄规划（2012—2025）》

（1）核心保护区

以洪水泉清真大寺原址及其核心广场为保护重点，面积0.89ha。保护范围内严禁各类建筑活动，建议广场的全部装饰铺装采用当地夯土砖铺设，以与洪水泉清真大寺建筑形制相协调，并能够反映洪水泉村的特色风貌[①]。

（2）风貌控制区

以洪水泉村清真大寺外围新建夯土墙范围为边界，面积0.75ha的区域。将邦克楼、夯土墙、村委会以及旅游服务设施和少量"根屋"纳入一般保护范围之内，将洪水泉清真大寺、村委会和旅游服务设施统一到公共空间中，

① 同上。

复兴传统的回族宗教氛围，形成洪水泉村旅游服务的核心景区、村民日常交往活动的主要公共场所①。

（3）协调发展区

新建夯土墙外围北至通往北部组团村路，西部、南部范围分别与风貌控制区范围、中心组团规划范围重合，东至中心组团小学用地西侧边界，面积3.03ha。

该区域范围内庄廓主要以寺宅和“根屋”为主，以旅游服务为职能。要求片区内村民生活应当与自然环境和保护区风貌相协调，严禁建设羊舍等生产性设施②。

2）中心组团发展策略

（1）“一心，两环，两片区”的中心组团总体规划布局结构（图7-9）

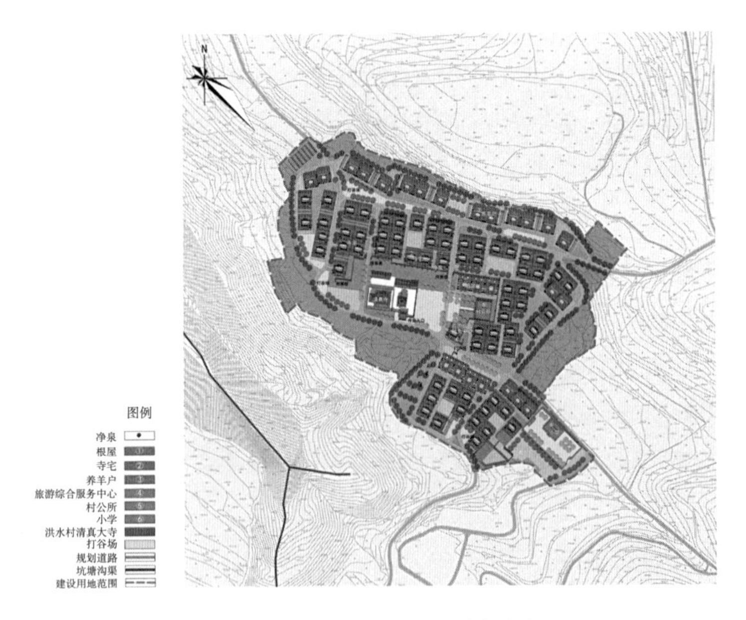

图7-9 洪水泉村中心组团建设规划总平面图

图片来源：笔者主持规划实践项目《青海省平安县洪水泉村村庄规划（2012—2025）》

---

① 同上。

② 转引自：笔者主持规划实践项目《青海省平安县洪水泉村村庄规划（2012—2025）》说明书。

“一心”是以洪水泉村清真寺、旅游接待设施和村公所构成的核心保护区作为中心组团的核心公共空间，以村民日常礼拜交往活动和接待游客、提供旅游服务作为其主要职能。

“两环”包括“内环”与“外环”。其中“内环”是以风貌控制区即外围环夯土墙一周的特色街巷空间为主要界面的洪水泉清真大寺展示环。“外环”是以村落外围指令承包型生产用地为依托的特色农耕风貌生态环廊。

“两片区”分别是“寺宅、根屋邻里片区”，即在协调发展区范围内，以接待游客提供农家乐体验服务为主要功能的居住片区。以及“养羊专业户邻里片区”，即协调发展区外围以养羊产业作为主要产业的生活生产型邻里片区①。

（2）核心景观空间设计

以清真大寺遗址本体为核心，以一道高2m的夯土墙、村委会及周围主要道路为边界，围合成清真大寺景观空间。在清真大寺入口区，设置前区广场空间，作为日常礼拜和游客集散休闲的主要空间；清真大寺南侧设置公共绿地空间，作为清真大寺广场和夯土墙外围民居建筑的主要过渡空间；在夯土墙内侧紧邻道路口设置两台净泉，作为村民礼拜净手之用；公所前区广场与清真大寺广场形成呼应，相互融合。

核心景观小品设计充分借鉴传统文化元素，体现地域特色，展现伊斯兰文化。（图7-10、图7-11）

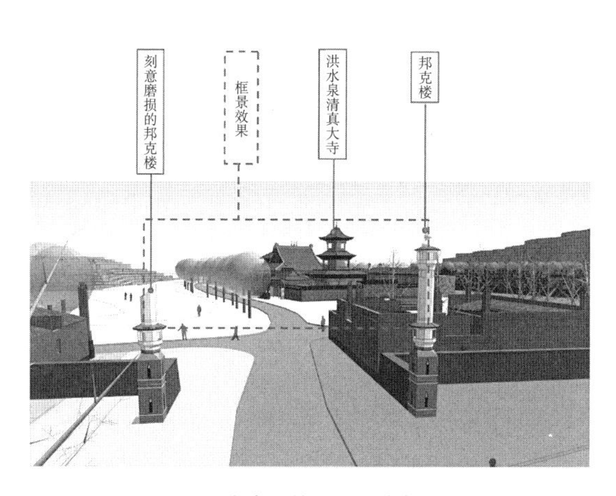

图7-10 洪水泉村核心景观空间入口设计

图片来源：笔者主持规划实践项目《青海省平安县洪水泉村村庄规划（2012—2025）》

① 转引自：笔者主持规划实践项目《青海省平安县洪水泉村村庄规划（2012—2025）》说明书。

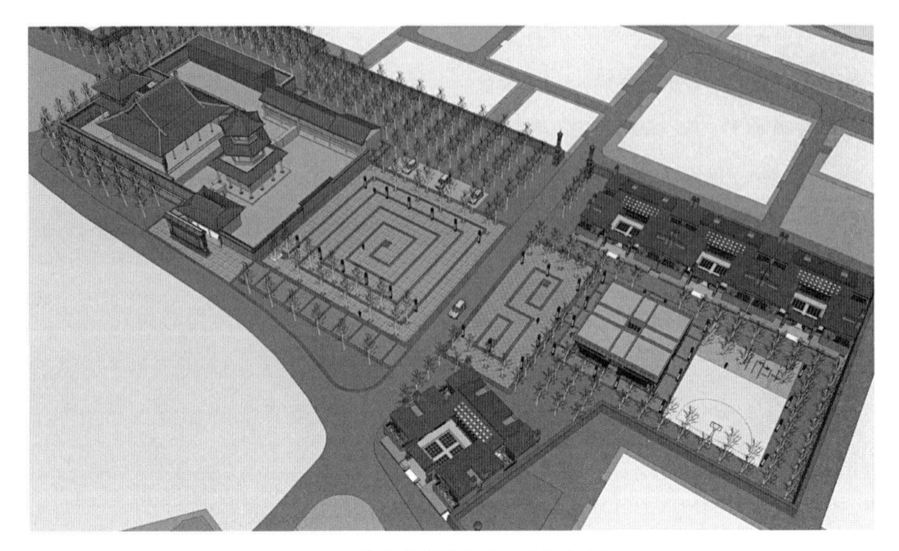

图7-11 洪水泉村核心景观空间鸟瞰图

图片来源：笔者主持规划实践项目《青海省平安县洪水泉村村庄规划（2012—2025）》

7.1.4 面对消解的洪水泉村新型民宅与公共建筑设计

1. 民宅建筑设计

1)“根屋”示范性民宅设计（图7-12、图7-13）

“根屋”取落叶归根之意，为离开农村的村民在物质上和精神上都留有归属。离村户离村期间，“根屋”由村委会代为管理，作为接待游客的客房，旅游收入归村民集体所有；离村户返乡时，就居住在根屋中。考虑离村户已脱离了农村生产生活，“根屋”仅作为离村户回村临时居住之用。一户“根屋”是合院模式，可一家人单独居住也可几家人合住。“根屋”由当地匠人、村民施工建设，以国家危房改造政策中每户补助的2万元作为支撑。“根屋”可以从利用方式和控制适宜面积两个方面适应性解决离村户庄廓用地长期闲置浪费的问题[①]。

宅院中轴对称，由南往北依次为大门、中心庭院、阳光间（正面为照壁）、正房。以“18m×18m”的回字形合院院落作为宅院的空间形式，考虑

① 转引自：笔者主持规划实践项目《青海省平安县洪水泉村村庄规划（2012—2025）》说明书。

一层平面图

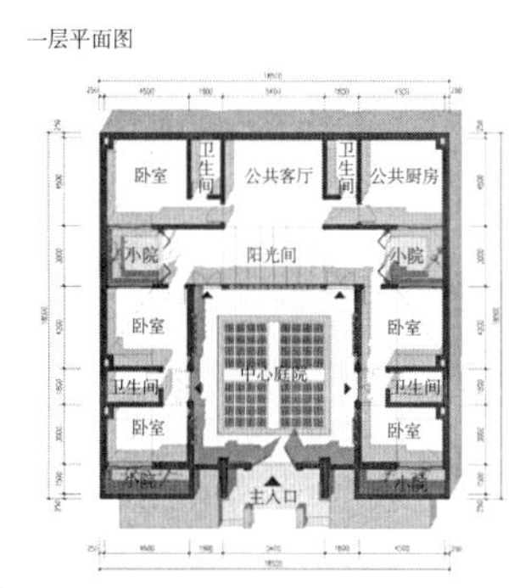

技术指标：
建筑面积：210.5m² 基础面积：324.0m²

设计理念：
1. 平面布局：对传统回族民居功能进行整合，将传统“虎抱头”与“钥匙头”相结合，形成新型“回字”形合院布局。
2. 节能技术的运用：四面围合平面（防止冷风渗透等）、利用太阳能（阳光房、卧室南向）、雨水收集（单坡屋面、庭院透水地面）、火炕、三七多孔砖墙等。
3. 回族传统地域文化的体现：合院平面布局，单坡屋顶，阳光间顶部骨架图案，中心庭院（东西厢房界面、正对大门的照壁、庭院地面铺装），墙面外粉的特色砂浆（混合本地红土），大门和院墙镂空砖花部分等。
4. 建构方面：大量采用本土材料，同时不回避新型材料，整个建设过程强调使用者的参与。

建筑材料

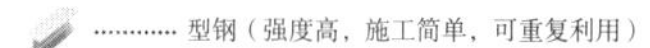

……型钢（强度高，施工简单，可重复利用）
……铝合金型材（施工简单，可重复利用，主要用于门窗等）
……多孔砖（生产能耗低、施工方便、强度高、耐久，收缩变形小、保温效果好、抗震性能强）
……板瓦（主要用于坡屋顶）
……当地天然泥土（取材方便、造价便宜，为地基庭院地面主要材料，同其余材料混合作为建筑外粉材料）
……透光玻璃（覆盖在由型材组成的骨架之上，阳光间的主要材料）

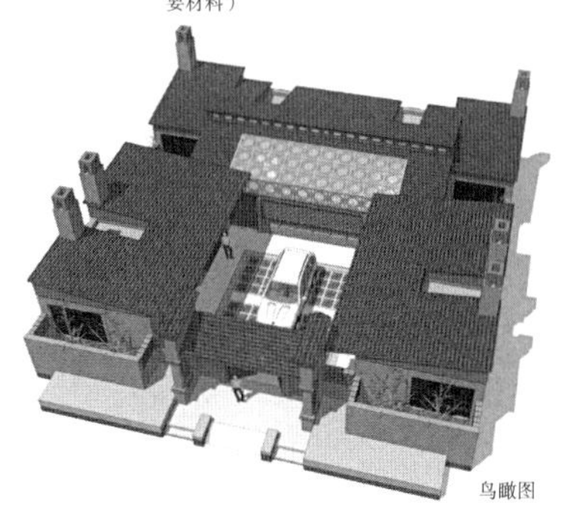

鸟瞰图

图7-12 “根屋”示范住宅设计（一）

图片来源：笔者主持规划实践项目《青海省平安县洪水泉村村庄规划（2012—2025）》

建构过程

方案的基本建构材料为型钢、木材、多孔砖、板瓦、钢筋混凝土、玻璃。建筑结构为砖混结构，坡屋面为钢筋混凝土现浇斜板；保温层结合当地状况，采用覆土和农作物秸秆，其上覆盖板瓦。外墙为三七多孔砖墙，烟囱结合火炕与外墙的角点，占用一定的墙体厚度而设置。

阳光间

功能上，作为室内重要的交流通行空间，阳光间与正厢房室内空间连为一体。外观上，与建筑屋顶屋身浑然一体。顶部天窗不可开启，但紧贴骨架下部布置滑轨窗帘，实现夏季白天关闭晚上拉开，冬季白天拉开晚上关闭的功能；正面照壁上部为通透的砖花，但在内侧，布置铝合金推拉窗。因此，阳光间可根据季节和时间的需要，实现开敞和封闭两种功能，从而创造舒适的室内环境。

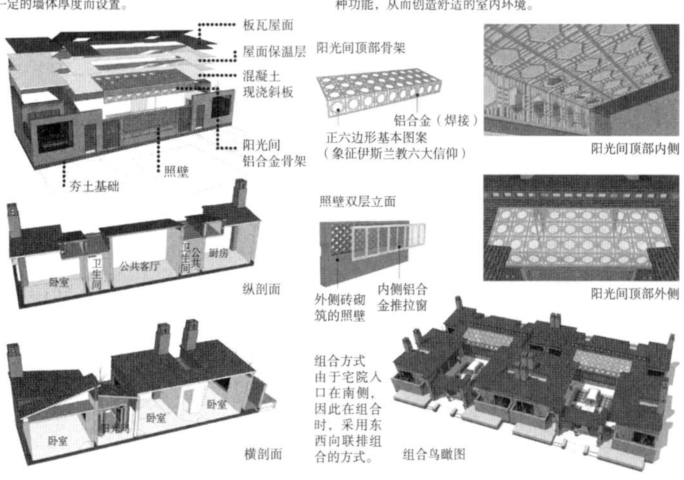

图7-13 “根屋”示范住宅设计（二）

图片来源：笔者主持规划实践项目《青海省平安县洪水泉村村庄规划（2012—2025）》

到根屋旅游接待和房主临时居住的功能特点，以小型客房单元——“卧室+卫生间+公共厨房”作为院落主要功能空间，并通过阳光间将堂屋与厢房连通，在满足冬季保温采光的前提下，也拓展了堂屋作为单一空间的使用功能。整个宅院设计了一个中心庭院和4个小院，中心庭院是根屋宅院的核心空间①。

2）养羊户示范性民宅设计（图7-14）

居住功能集中布置在一个常规的18m×18m的正方形合院中，养羊功能单独布置在一个6m×18m的偏院中。在“根屋”示范性民宅的基础上，将多余的卫生间改造成储藏间，为以后建筑转型提供可能性。偏院羊舍建筑为“L”形，与合院共用一道山墙。在“L”形的拐角处，布置了一条联系合院与偏院的通道，通道北侧有两个3m×4.5m的空间，里侧为饲料间，外侧为

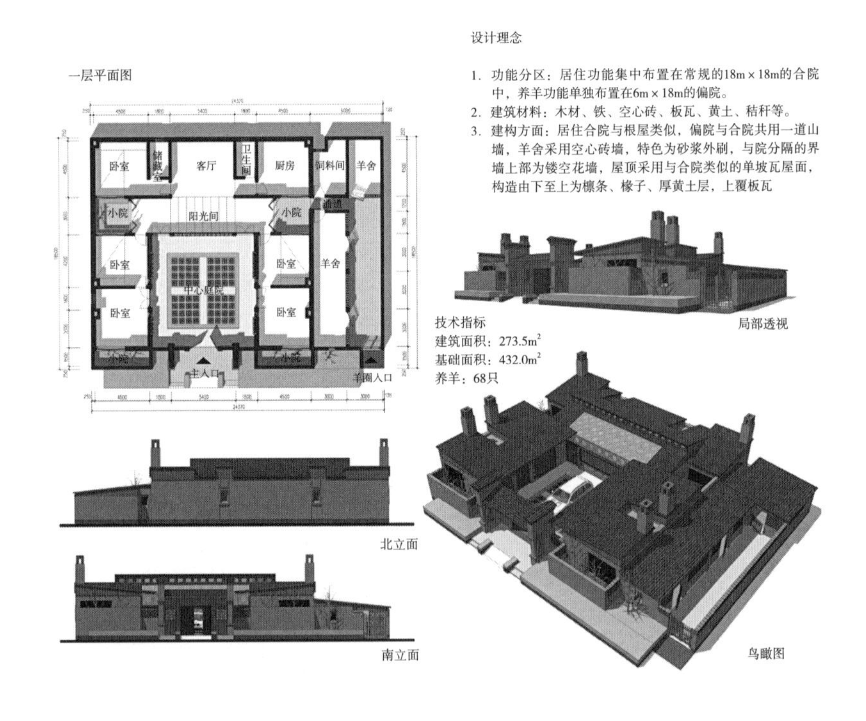

图7-14 “养羊户”示范性住宅设计

图片来源：笔者主持规划实践项目《青海省平安县洪水泉村村庄规划（2012—2025）》

① 转引自：笔者主持规划实践项目《青海省平安县洪水泉村村庄规划（2012—2025）》说明书。

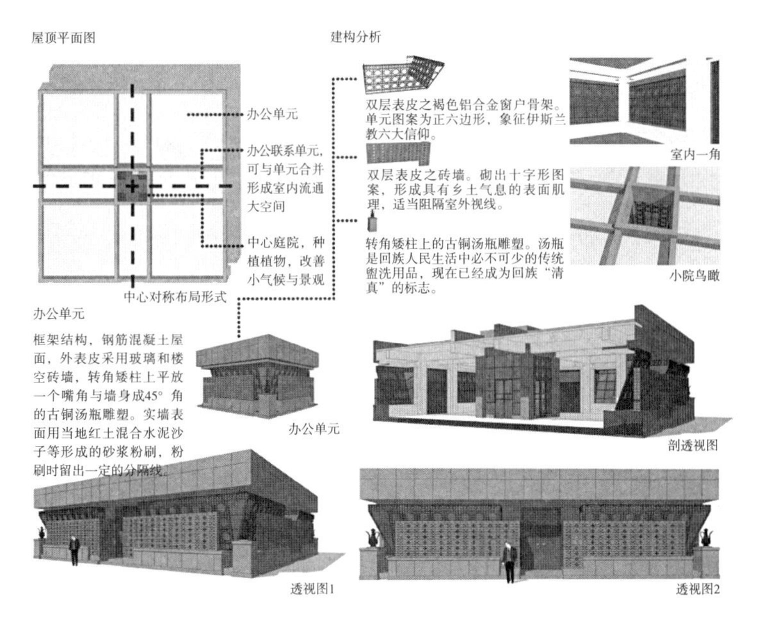

图7-15 村委会示范性建筑设计

图片来源：笔者主持规划实践项目《青海省平安县洪水泉村村庄规划（2012—2025）》

羊舍；通道南侧为一个3m×10.8m的羊舍①。

3）村委会建筑设计（图7-15）

村委会布置在清真寺寺前广场的东侧，与广场构成对景。该建筑不但可以满足日常的村务办公需要，由于位于村落旅游的核心集散位置，还承担着旅游服务的功能。建筑设计充分借鉴回族传统元素，采用现代建造技术，形成独特的风格，同时又避免过于突兀，以衬托清真寺的优美。

建筑基地为16m×16m的正方形，建筑部分采用变异三段式，底部为厚重的实墙体基座，中部为外斜的大面积玻璃窗，窗外设有一道砖砌的十字花墙，顶部为女儿墙外挑盖顶。建筑使用部分为14m×14m的正方形，中心为2.9m×2.9m的室外庭院。整个建筑中心对称，由4个5.4m×5.4m的办公空间和纵横2.9m宽的联系空间组成，在纵横轴线交汇点处，布置了一个中心庭院。由此，围绕中心庭院，形成了一个“回”字形室内空间，该

① 转引自：笔者主持规划实践项目《青海省平安县洪水泉村村庄规划（2012—2025）》说明书。

空间通过设置于梁下的活动布帘可分可合，灵活满足办公小空间和集会大空间的需求[①]。

4）外部空间与景观（图7-16）

南、北、中心三个组团，分别形成以洪水泉水塘、清真大寺和小清真寺为主体的核心村落景观空间，作为村民日常生活、交流的公共开敞空间。开放的核心景观与内敛的户前空间景观共同构成洪水泉村错落有致的景观特征，并能够为观光游客提供多层次的视觉体验。

村落景观空间设计，注意景观的衍生发展，针对当地回族特色，采用当地材料铺装如红泥土、黏土砖、石头等，塑造乡村景观特色；同时，制定植物栽植指导原则和经费奖励政策，由村民自主种植，来引导村落景观

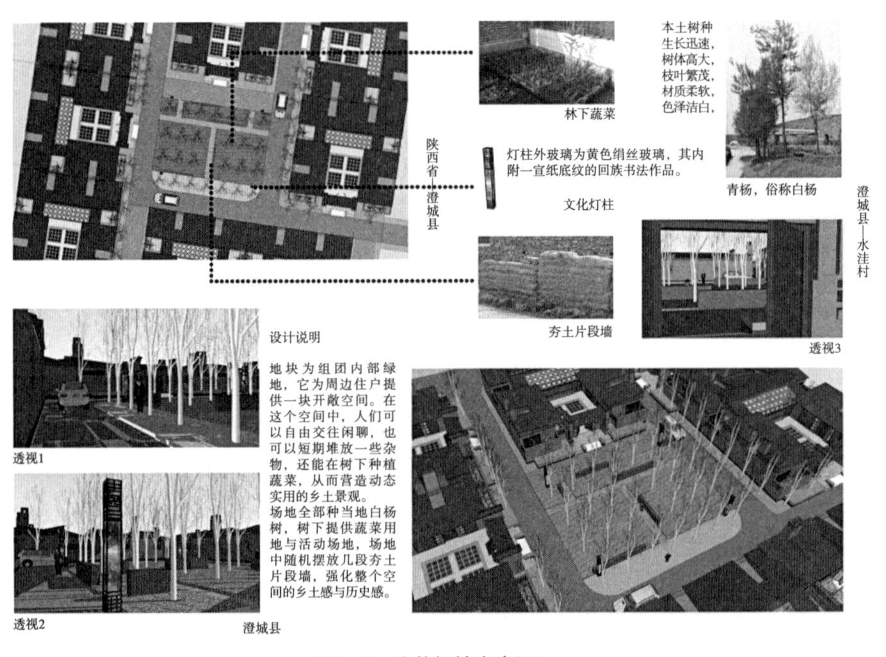

图7-16 公共绿地意向图

图片来源：笔者主持规划实践项目《青海省平安县洪水泉村村庄规划（2012—2025）》

① 转引自：笔者主持规划实践项目《青海省平安县洪水泉村村庄规划（2012—2025）》说明书。

空间的建构[①]。

7.2 陕西水洼村“生产—生活—生态”一体化规划设计实践

西部农村以农耕产业为主导经济的同构性特质，决定了农村发展和产业模式的近似性、相同性。农业产业型村庄在现代化发展的进程中，其原有的社会结构、生产方式、生活方式和空间形态都发生了异变，现代农业产业入驻农村空间导致农村生产生活空间的混乱、无序、低效发展，村落资源严重消解，农村面临着前所未有的转型发展。如何发展现代农业产业来应对正在消解的村落资源，正是本案例的意义。

水洼村位于陕西省渭南市澄城县王庄镇西南2.9km处，是陕西省农业厅联系主抓的果畜结合示范点，是澄城县百万头生猪大县建设示范村之一（图7-17）。

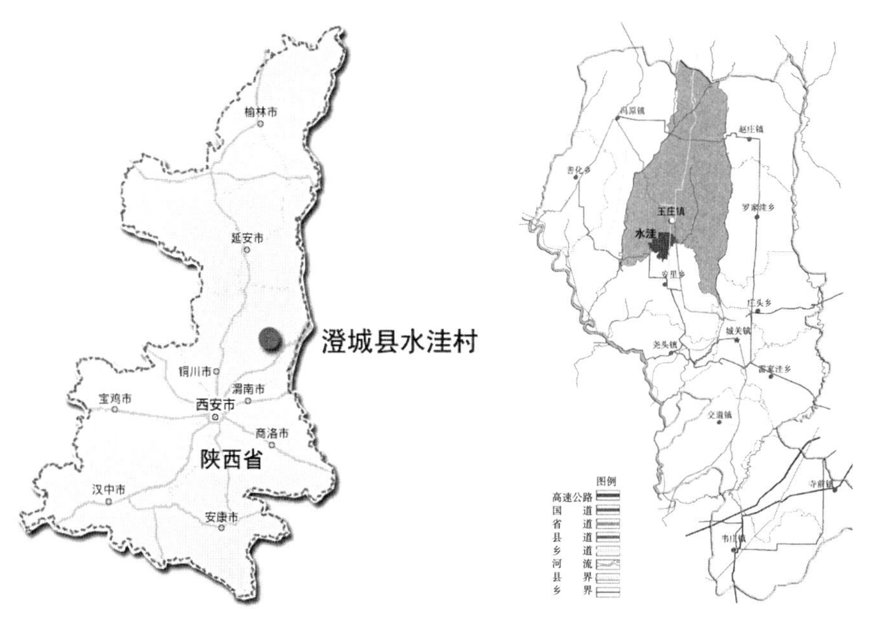

图7-17 水洼村区位图

图片来源：笔者自绘

① 转引自：笔者主持规划实践项目《青海省平安县洪水泉村村庄规划（2012—2025）》说明书。

7.2.1 水洼村农业产业现状与资源消解危机

1. 农业产业现状

全村人均耕地3亩多，总耕地面积6500亩，其中苹果种植面积3200亩，玉米种植面积1200亩，小麦种植面积800亩，瓜果蔬菜等经济农作物种植面积1300亩。

产业类型以苹果种植业和生猪养殖业为主，目前全村苹果种植面积3200亩；生猪养殖小区7个，标准化圈舍91栋，种猪扩繁场2个；沼气池约260~270眼。

1）三位一体产业链

水洼村“果—沼—畜”三位一体联动发展（图7-18），基本形成产业链。沼气工程向上链接优质苹果基地无公害生产系统，向下链接生猪养殖系统，促进了农业循环经济的发展。

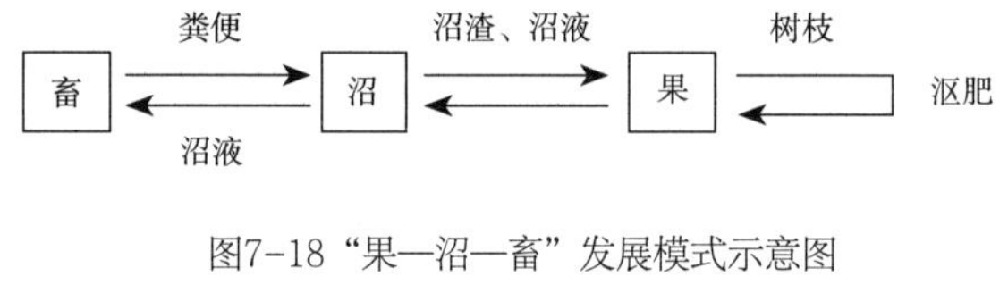

图7-18“果—沼—畜”发展模式示意图

图片来源：笔者自绘

2）“果—沼—畜—温室”四位一体发展新模式

“果—沼—畜—温室”发展模式，即在“果—沼—畜”发展模式的基础上，加入太阳能，沼气池一头连接畜舍，一头连接温室。通过温室的作用（利用太阳能），保持沼气池地表温度，促进温室内植物生长。

目前，此种模式在水洼村刚投入建设（图7-19、图7-20），在1000头种猪扩繁场，可以看到建在猪舍旁的温室。它内接沼气池，外接自然阳光，形成“果—沼—畜—温室”四位一体的农村产业发展新模式。

2. 存在问题

由于合作社发展处于起步阶段，群众基础较差，农户入社率低、规模小、服务能力弱，离规范化运作尚有一定差距，导致散养殖户数量居多，产

图7-19 温室外景

图片来源：笔者自摄

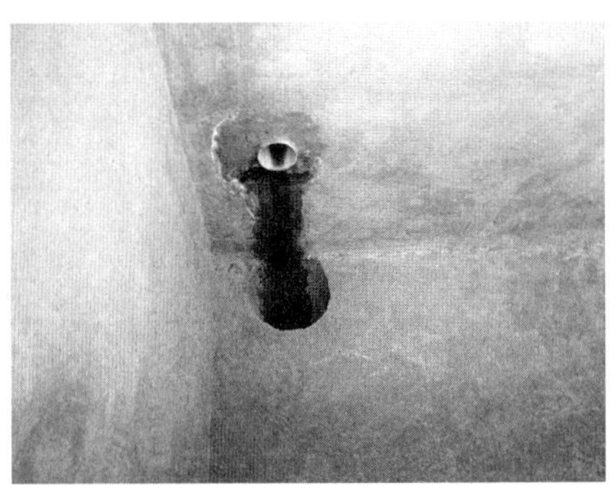

图7-20 温室内沼气池

图片来源：笔者自摄

业链发展受阻。加之村里沼气池大部分停滞或工作效率低，造成苹果有机肥量不够，生猪粪便到处堆沤现象严重，村卫生环境恶劣。

3. 资源消解危机

现代城市的吸引和求“新”的生活目标，使得农村很多青年劳动力和受教者离开了村庄，向城市移民，剩下以老人和小孩为主的两极群体。农村劳动力匮乏，农业产业发展受制，村落资源严重消解。

1）人口消解——老龄化

城乡间劳动力供求的差异、就业机会的差异、地区间生活的水平差异以及政策因素等，使得水洼村的大部分青壮年劳动力流入城市，剩下以中老年人为主的劳动力资源。调研数据显示，水洼村第三生产队共有280人，65户，40岁出头的有50%，年轻人基本上都出去了。

流动人口表现出强烈的单边同类性现象，即以年轻人为绝对主体、以男性较多的特征。农村人口城市化的同时，老龄化趋势加剧。

2）居住环境消解——空废化

窑洞是黄土高原的产物，是陕北农民的象征，它沉积了黄土地古老的深层文化。澄城县周边村镇98%的人都住在窑洞，水洼村以独立式窑居建筑为主。

由于城镇化的影响，生活水平的提高，农民相应地对居住建筑质量也提出了更高的要求，很多农民迁到城市或另址新建宅院，导致许多老窑院被废弃、搁置，农村居住环境严重消解，村落空废化现象日趋严重。

水洼村废弃窑院共47个，窑洞160孔，约占总窑院的1/10（表7-1）。

水洼村废弃窑院和窑洞数量统计表　表7-1

	上杨家洼	下杨家洼	水洼村	马庄	总计
废窑院数（个）	8	15	16	8	47
废窑洞数（孔）	36	58	36	30	160

资料来源：根据水洼村2009年调查数据整理

3）土地资源消解——农业用地布局分散，不集约

农民户均拥有耕地资源的随机分配性，使得农业用地布局较分散。每户单独经营，产业规模化经营度不高，农产品产出率较低，土地资源利用率较低。

水洼村果园种植布局较分散，不能连片发展，形成规模化经营。同时，现代科学技术入驻，村里新建了生猪养殖小区，为农村发展带来新契机的同时，也带来了诸多的挑战。农民跟风观望态度极强，导致大多养猪小区空棚无猪、闲置，造成土地资源的严重浪费，土地资源在逐步消解。

7.2.2 面对消解的水洼村现代生态循环农业产业发展规划

1. 规划策略

农业产业作为农村主导产业，唯有其现代化、绿色、可持续发展才能带领农村走上正确的发展道路。如何通过发展现代农业产业、减少土地资源浪费、降低农村空废化、降低农村资源消解等问题，本规划将通过绿色消解调控办法，即发展生态循环农业产业、整合生产生活用地资源、废弃窑居建筑再利用予以应对：

1）优化农业产业结构，发展生态循环农业

生态农业产业是依据生态学、经济学、系统工程学原理，从有利于农业生态系统物质和能量的转换与平衡出发，充分发挥系统内动植物与光、热、气、水、土等环境因素的作用，建立起生物种群互惠共生，食物链结构健

全，能量流、物质流、养分流良性循环的能源、生态、经济系统工程[①]。生态农业产业之间的优化配置，有助于农村产业链之间的良性循环发展，有助于农村与自然的和谐共生和可持续发展。

2）整合生产生活用地，土地集约化发展

“土地是村庄集合系统中最核心的资源，对该资源的开发利用必须以保持生态平衡为前提。要坚持改善生态环境、提高土地利用的经济效益与合理的承载力相结合”。

为了达到农村土地集约化利用的目的，需在农村现有用地格局基础上，重新整合生产生活用地并调整耕地资源，发挥土地资源的优势。对于水洼村，在现有土地资源格局的基础上，依据生产区和生活区的不同作业要求和服务需求，重新调整种植业和养殖业用地格局，整合生产和生活空间。将生产空间从生活空间中释放出来，进入自身的工作区域，无污染、高效运作。未来将看到一个大生产、规模化、专业化和集约化的现代化农村。

3）废弃建筑转型再利用

农村传统建筑元素的消减和现代元素的增加，使得大部分农民弃旧更新、另址新建，农村住宅出现空废化现象，即空占新宅基地现象、空占旧宅院现象、空房现象、宅院空间空闲现象。

针对乡村现代窑居建筑空废化转型过程中的问题和要求，提出相应应对策略。在整合和重构乡村建筑的过程中，保留窑居建筑文化形制的同时，融合乡村生产系统对生活系统所提出的相应要求，合理布局农业生产用地和居住生活建筑用地。从关注空废宅院再利用、新型农业养殖生产建筑营建等方面入手，引导现代窑居建筑形制的良性转型和蓬勃发展。

2. 规划布局

基于未来水洼村农业产业的集约化、规模化发展，在适度人口规模范围内，重新调整现状居住用地。随着未来农村人口的减少，对自然村用地进行重新整合和分配，退耕还林，高效、集约利用农村土地资源；种植业连片成规模、集约化发展；养殖业适度集中，规模化经营（图7-21）。

---

① 丁毓良，武春友. 生态农业产业化内涵与发展模式研究［J］. 大连理工大学学报（社会科学版），2007，4：37-41.

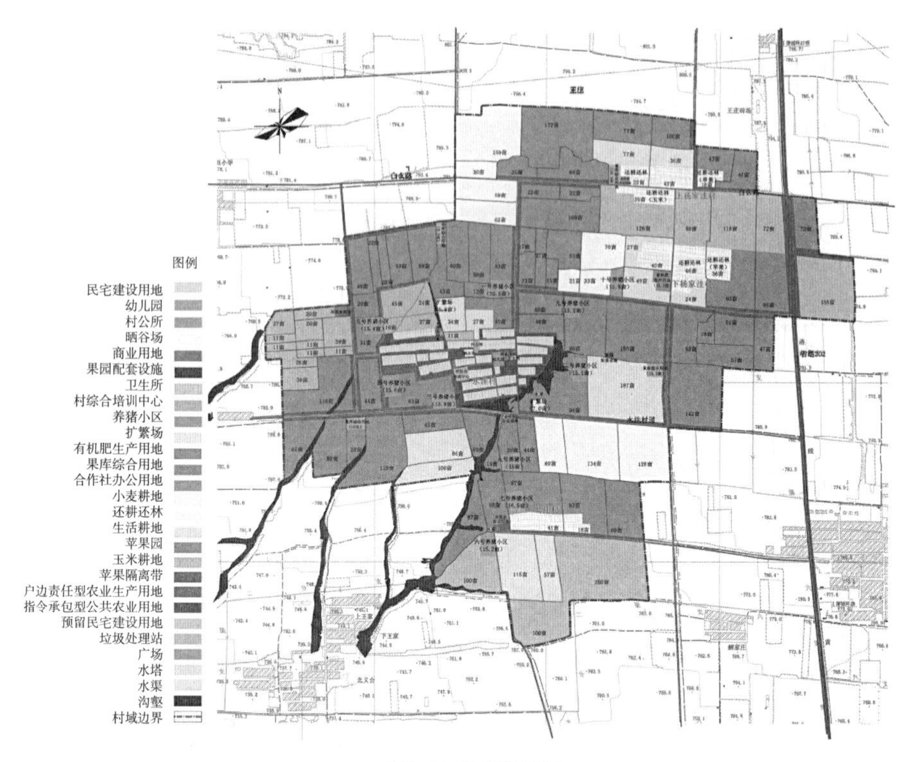

图7-21 规划总平图

图片来源：笔者主持规划实践项目《水洼村统筹发展总体规划》

1）生态循环农业产业布局

（1）发展生态循环农业产业——五位一体发展模式

“果、沼、畜、粮、温室”生态农业循环模式，是以建立果园为中心，以粮食为基础，以畜禽为载体，以沼气为纽带，以太阳能为媒介的物质能量循环链。它通过沼气池的发酵作用，无害化处理牲畜粪便的同时，为苹果种植业提供有机肥，为农户提供沼气，解决农户的日常照明和生活用气；通过温室太阳能的作用维持沼气池温度的同时，促进棚内作物的生长；通过村内自行种植农作物，为牲畜提供饲料来源，形成村内产业的互补、联动、循环发展（图7-22）。

在水洼村现有产业链的基础上，优化产业配置，建立以“果、沼、畜、粮、温室”五配套为链条的联动、良性发展的生态循环农业产业发展模式

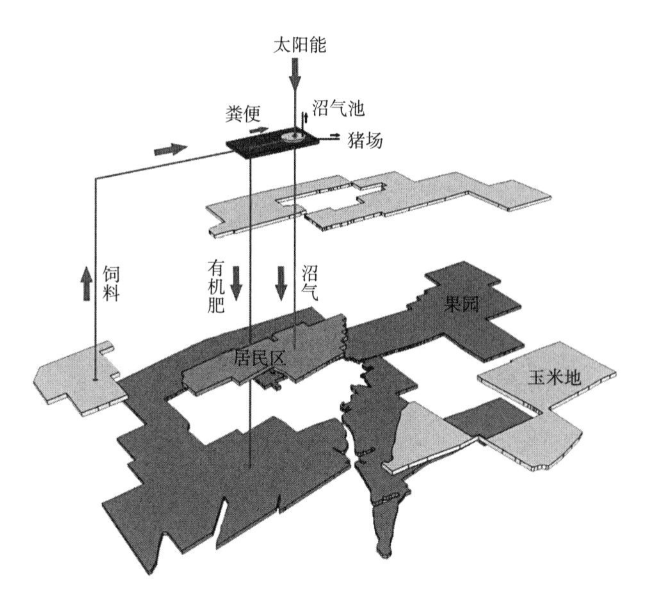

图7-22 “果+沼+畜+粮+温室”生态产业链发展模式图解

图片来源：笔者主持规划实践项目《水洼村统筹发展总体规划》

（图7-23），形成“一个池、一栏猪、一亩田、一亩果、一棚菜、一栋房”的新经济模式，使水洼村生态农业产业“自循环、自组织”发展（图7-24）。

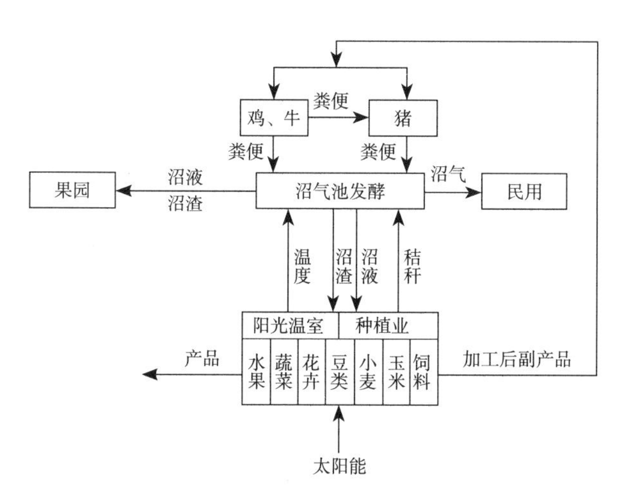

图7-23 “五配套”生态农业循环模式图

图片来源：笔者自绘

图7-24 生态农业产业布局规划图

资料来源：笔者主持规划实践项目《水洼村统筹发展总体规划》

（2）高效管理运营机制

①“公司+农户+基地”现代化发展模式

“集中管理，分散经营”的管理和经营模式，即公司进行统一管理，农户分散经营。农户交纳保证金，公司将自有农产品经营权交予农户，为农户提供必备物资和专业技术，农户在统一管理模式下分阶段、分流程进行农产品的经营，经营周期结束后，公司按照养殖成果向农户支付养殖利润。此模式从村庄实际出发，尊重村民对项目的选择意愿，充分调动村民自力更生建设家园的积极性，激发农民自主、自强和互助的精神，让村民得到实际利益，推动乡村建设的良性发展。

②“公司+农场”农业产业服务基地发展模式

大型企业的入驻，使村庄成为现代农业产业服务基地。公司整体运营，农村作为主要农产品加工基地，为镇区和其他村落发展提供农产品服务。

2）层级空间环境布局

规划打破传统的宅基地分配控制村落建筑生活空间布局方式，突破了村落建筑生活系统与村落农业生产系统明显区分的局限，将村落周边农田分层级有序化引进农村生活系统中，将二者交融交叉、相互利用[①]。

以单体窑洞建筑的空间设计为切入点，根据渭北地区窑洞建筑群落的特质，进而反推出适合水洼村的建筑生活空间环境布局。其发展模式为：“庭院种植+户边责任型农业生产用地+指令承包型公共农业用地+外围农业生产用地。”[②]（图7-25）。

空间环境层级	第一级  庭院	第二级  宅前	第三级 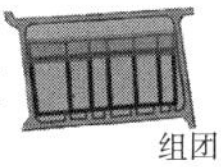 组团	第四级 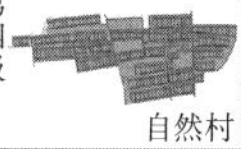 自然村	第五级 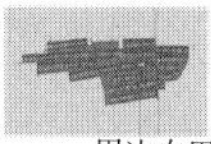 周边农田
构　成	各户庭院	户边责任型生产用地与入户道路组成	指定承包型公共农业用地与次级村落组成	村级公共绿地与主要村落组成	周边农田与田间道路组成

图7-25 层级空间环境布局模式图

图片来源：笔者自绘

7.2.3 面对消解的水洼村现代农业养殖生产建筑设计

养殖生产建筑现状如图7-26、图7-27。水洼村现有生猪养殖生产建筑模式为：长18.5m，宽8.5m，建筑面积157m^2，屋脊高3.7m。建筑用双坡彩钢瓦屋顶、钢屋架、240烧结黏土砖墙。同时，为满足降温和采暖需求，建筑还设有水帘、风机和地暖等附加设施[③]。

① 转引自：笔者主持的规划实践项目《水洼村统筹发展总体规划》说明书。
② 同上。
③ 同上。

图7-26 水洼村第二养殖小区图

图片来源：笔者自摄

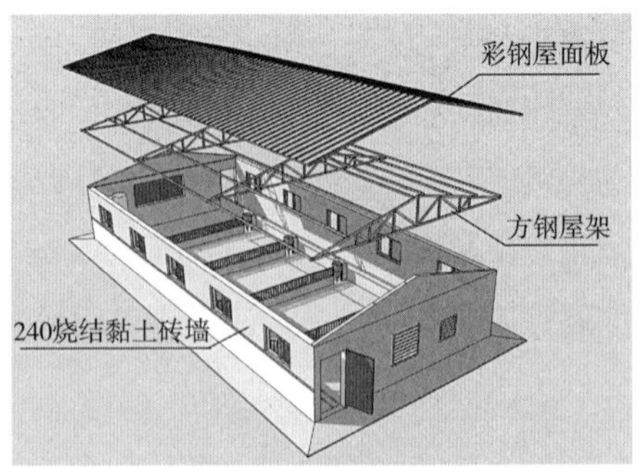

图7-27 标准化生猪养殖建筑结构图

图片来源：《水洼村统筹发展总体规划》

240烧结黏土红砖墙的维护结构热工性能差，造成室内环境舒适度较差；彩钢板作屋面造价高，保温性能差；方钢作桁架，自重大、成本高；建筑形象也失去了本土特点。

1）绿色设计应对（图7-28、图7-29）

（1）采用半地下形式，减小体形系数。

（2）减小维护结构传热系数，融入被动式太阳能系统[①]。

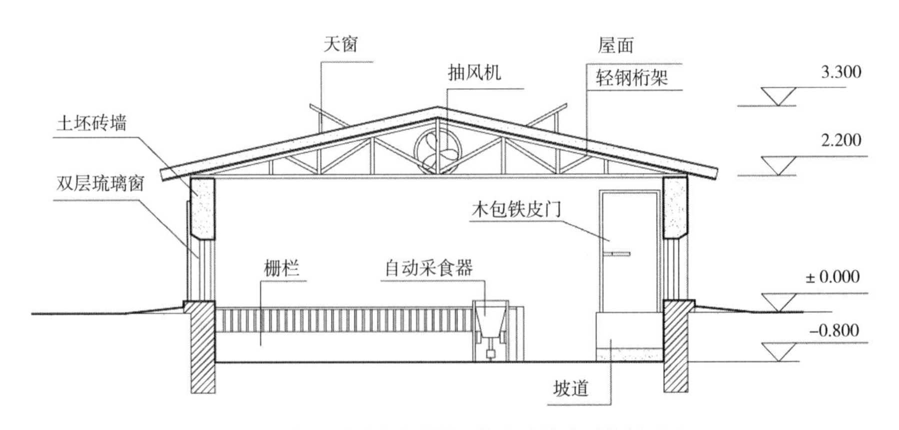

图7-28 新型养殖生产建筑用作生猪养殖时的剖面图

图片来源：笔者主持规划实践项目《水洼村统筹发展总体规划》

① 转引自：笔者主持的规划实践项目《水洼村统筹发展总体规划》说明书。

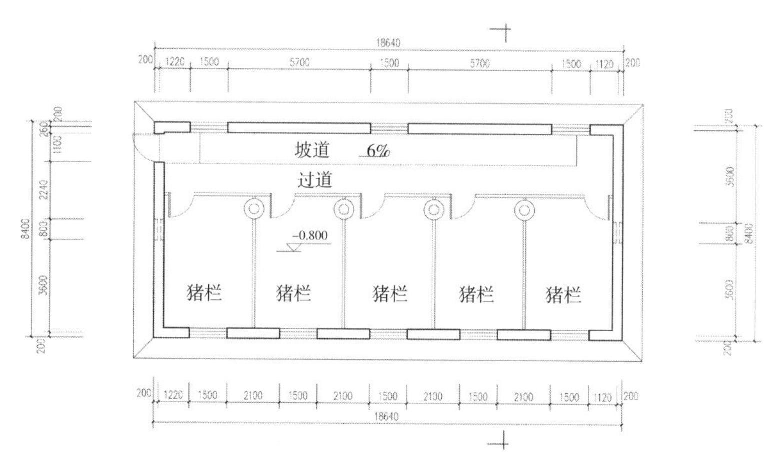

图7-29 新型养殖生产建筑用作生猪养殖时的平面图

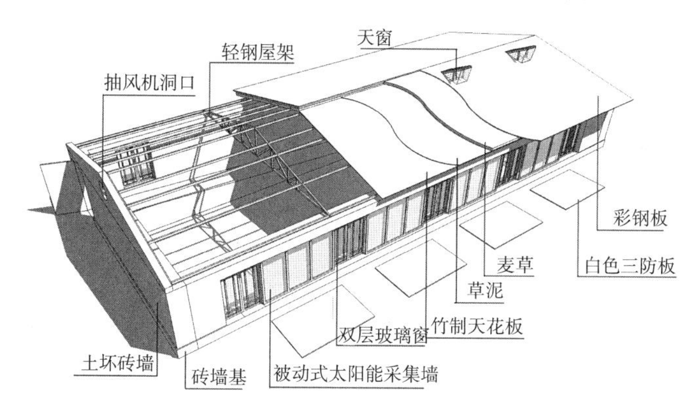

图7-30 新型养殖生产建筑结构剖视图

图片来源：笔者主持规划实践项目《水洼村统筹发展总体规划》

①墙体

新型建筑采用当地传统土坯砖作为维护结构，用轻钢龙骨作为结构支撑体系。当地土坯砖的规格为：400mm × 300mm × 80mm，以其宽边为墙体厚度砌筑，墙体内外表面均以传统做法抹20mm草泥，其传热系数大大低于现有红砖墙（表7-2、表7-3）。为防止雨水冲塌和猪拱墙体，可用石料或砖砌筑墙基，墙基高出室外地平200mm[①]。

① 转引自：笔者主持的规划实践项目《水洼村统筹发展总体规划》说明书。

图7-31 新型养殖生产小区鸟瞰图

图片来源：作者自绘

现有养殖生产建筑外围护结构热工性能指标　　表7-2

部位	构造	总热阻 $m^2 \cdot K/W$	总传热系数 $W/(m^2 \cdot K)$
墙体	240mm红砖，20mm水泥砂浆	0.31	3.23
屋面	100mm聚苯乙烯（彩钢板内）	2.38	0.42
窗	4mm单层玻璃	0.16	6.25
门	10mm铁皮	约为0	极大

资料来源：根据测试技术数据整理

新型养殖生产建筑外围护结构热工性能指标　　表7-3

部位	构造	总热阻 $m^2 \cdot K/W$	总传热系数 $W/(m^2 \cdot K)$	与现有建筑相应部位传热系数比
墙体	400mm土坯砖 4mm草泥	0.50	2.0	62%
屋面	10mm竹板 10mm草泥 150mm麦草秆	3.24	0.31	74%
窗	4mm×9mm×4mm 双层中空玻璃	0.32	3.13	50%
门	60mm木包铁皮	0.29	3.45	极小

资料来源：根据测试技术数据整理

②被动式太阳能采集墙

将土坯砖墙置于南向的封闭玻璃面内侧，并使玻璃和墙之间留有25mm的间距，在土坯砖墙外表面涂以深色涂料，这样就形成一个具有温室效应的被动式太阳能采集墙（图7-32）。这面墙在冬季白天吸收热量，并将热量传导至土坯墙内，400mm厚的土坯墙具有良好的蓄热能力。晚上在玻璃外加草帘保温，热量会传至室内墙体表面，并持续向室内散热，保持室内温度。

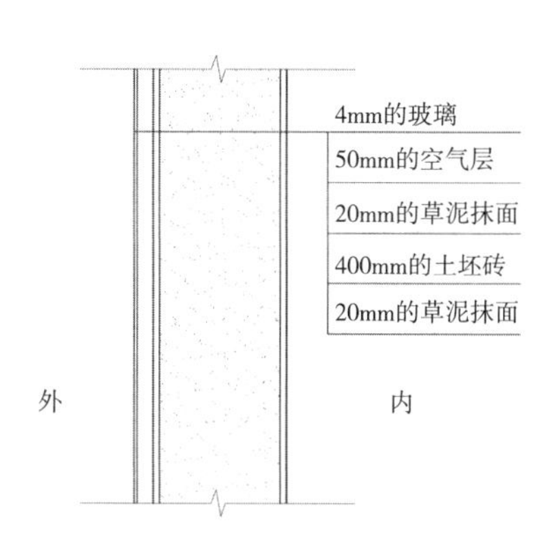

图7-32 太阳能采集墙构造

图片来源：笔者自绘

可以将除南向窗外的全部墙体都作为太阳能采集墙来使其作用发挥至最大。另外，可以优化太阳能采集墙，在每一个土坯墙下方的地面上放置白色三防板，来加强冬季采暖[①]。

③屋顶

屋顶的形式选择坡屋顶，坡顶有建造方便、利于排水、冬季不易堆积积雪、有利于开启天窗等优势。屋顶采用轻钢桁架，屋架上满铺竹条，竹条上抹10mm厚的草泥，草泥上再覆150mm厚的麦草秆，最上面覆一层彩钢面板。这里竹条起到承重作用，草泥有防灰和防火作用，麦草秆是保温材料（表7-2、表7-3），而最上面的彩钢面板可以防水、排水（图7-33）。

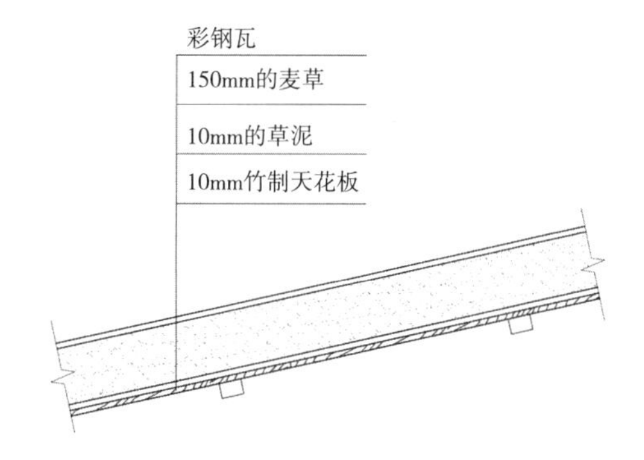

图7-33 屋顶构造

资料来源：笔者自绘

① 转引自：笔者主持的规划实践项目《水洼村统筹发展总体规划》说明书。

屋顶部分还应设置南北两排天窗。冬季，南向天窗开启，并在天窗口上覆盖一层阳光膜以接受太阳能，对室内加热，而北向天窗则关闭以避免冬季寒冷北风的引入。夏季，北向天窗开启，可以排走滞留在顶棚的热空气，打开室内窗子后还可增加上下窗间的对流通风效果，而南向天窗在夏季应该关闭以免引入过多的热量[①]。

④门

考虑到建筑为半地下形式，需要在室内做坡道，而这部分坡道会占用一定的内部空间，所以只做一个门和一个坡道，以便尽可能减少交通空间。门为保温木门包铁皮。冬季，在门外侧挂棉帘子来保温[②]。

⑤窗

窗收集太阳辐射的作用总是被人们所忽视，新型建筑的窗为单框双玻塑钢窗（玻璃—空气层—玻璃的厚度为：4mm×9mm×4mm）。双层玻璃窗优秀的传热系数使得它可以被视为得热构件，南窗在冬季就成为一个太阳能采集器。虽然双层玻璃窗比单层玻璃窗造价略高，但其采暖保温效率却大幅度提高，减少了冬季因对室内加热所造成的能耗[③]（表7-2、表7-3）。

（3）引入植物遮阳，减少夏日能耗

高大的落叶乔木可以在夏季为建筑遮阳，而在冬季落叶后可使阳光透射至建筑内部。设计在建筑南侧靠近房屋的位置种植当地盛产的刺槐，刺槐树成年后高度为15m，冠幅9m，生长速度中等，夏季遮阳效果较好，冬季阳光投射效果较好。

葡萄藤是一种理想的为建筑夏季降温的速生植物，每年能生长12m，遮盖面积大。让葡萄藤爬满新型建筑的东、西墙上，可以有效地阻挡阳光[④]。

气候随着季节不断变化，建筑物也应该随之灵活变化以适应气候的变化。新型养殖生产建筑在冬季和夏季有着截然不同的外观（表7-4）。

① 转引自：笔者主持的规划实践项目《水洼村统筹发展总体规划》说明书。
② 同上。
③ 同上。
④ 同上。

2）建筑造价计算与比较

现有生猪养殖生产建筑的一期建筑部分造价为49800元，二期附加设备部分造价11200，总造价61000元，即386元/m^2。新型养殖生产建筑的总造价为42000元，即267元/m^2，新型建筑造价比现有建筑的造价大幅度降低[①]。

新型养殖生产建筑夏季和冬季不同的形式　　表7-4

	外观	说明
夏季状态		1. 关闭被动式太阳能采集墙 2. 关闭南向天窗，开启北向天窗 3. 开启窗户 4. 东西山墙长满藤蔓植物，并利用南侧乔木遮阳
冬季状态		1. 开启被动式太阳能采集墙 2. 关闭窗户 3. 关闭北向天窗，开启南向太阳能天窗 4. 植物落叶后利于建筑利用太阳能

资料来源：笔者自绘

7.2.4 面对消解的水洼村废弃窑院再利用设计

1. 废弃窑院改造设计之一——新型养殖生产建筑

1）废弃窑院现状（表7-5、图7-34～图7-36）

2）发展趋势和问题

随着城乡二元结构的进一步发展和农村城市化，废弃宅院的数量在不断增加。若对这些废弃宅院弃之不理，会带来诸多问题：其一，处处是紧闭的大门和荒草丛生的院子，影响村容，使得村庄越来越来没有生气，失去吸引力；其二，这些院子白白占用土地，造成土地资源的浪费，一定程度上阻碍了村庄的发展；其三，因老宅院废弃引起院内树木被主人砍伐，造成村庄景观和生态环境的破坏。

① 同上。

水洼村废弃宅院现状表 表7-5 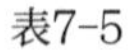

损毁严重宅院			
保存较好宅院			

图片来源：笔者自摄

图7-34 家养的羊

图片来源：笔者自摄

图7-35 厢窑被用于储藏草料

图片来源：笔者自摄

图7-36 废窑中的羊

图片来源：笔者自摄

3）废弃窑院改造再利用设计

（1）整体布局

以面积较大的四孔正窑作为主要养殖空间，两孔厢窑分别作为管理室与夏季遮阳窑洞。西侧院子用于放养（图7-37），东侧院子供管理人员活动使用（图7-38），并保留现状的菜地。拆除两院中间院墙，并改用篱笆分隔，使空间根据使用需求可分可合。修复地面沟壑，并对土堆进行一定保留，增加院落空间层次，利用变化的地形，形成相对自由的放养区。院中种植9棵刺槐，一方面美化了村容，为院落遮阳；另一方面，成材后可以出售树木，增加主人收入。为防止羊啃食树干，树木底部树干部分需用废弃的砖块搭砌

图7-37 被改造废弃窑院现状（西侧）

图片来源：笔者自摄

图7-38 被改造废弃窑院现状（东侧）

图片来源：笔者自摄

维护圈。同时，在院中广植牧草，为羊提供部分牧草的同时，创造一个舒适的养殖环境（图7-39）。

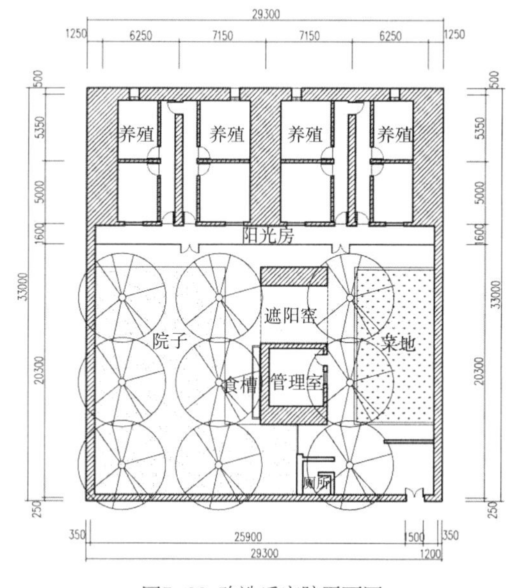

图7-39 改造后窑院平面图

图片来源：笔者自绘

（2）正窑设计

用当地土坯砖砌筑、修复损坏的窑脸部分。窑脸外附设阳光室，用简易木棍扎接作为阳光室的骨架，冬季覆盖阳光膜，夏季去掉阳光膜，在阳光室外种植葡萄藤遮阳（图7-40）。

每个窑洞分为两个养殖栏，并设有1.2m的通道。由于正窑净高4m，空间高度较大，可以作上下分层处理，在窑洞靠后侧2.2m高处架起隔断，用废弃的青砖作为隔断支撑柱，柱子上搭木梁和木板，隔断的上层用于储藏饲料和青草，下层为养殖空间。

窑洞通风差是其作为养殖用途的一大瓶颈，为了保证整个窑洞能够有一个很好的通风环境，采用以下设计方法：在北向窑背墙上开高窗，窑脸上部

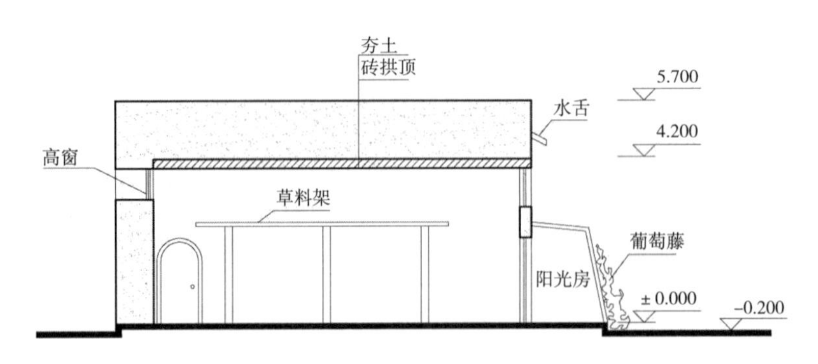

图7-40　改造后的正窑剖面图

资料来源：笔者自绘

开较大的窗，将两孔正窑相邻的窑腿部分打通，加强窑洞间空气流通。

（3）厢窑设计

用作管理室的厢窑主体结构完好，不用加强结构。用当地土坯砖砌筑修复损坏的窑脸和窑背墙。在窑脸外用木棍作支架，使葡萄藤附着其上，在夏季可有效阻挡阳光东晒。在厢窑的窑背墙外加设雨棚并在下方设置食槽，为羊提供一个室外进食的空间，同时雨篷还可以遮蔽夏季的太阳西晒。

管理室北侧的厢窑去掉两侧已损坏的窑脸和窑背墙，只保留拱结构的孔洞部分，形成一个联系东西两个窑院的灰空间，丰富羊的活动空间形式，同时在夏季为羊提供了一个室外的遮阳场所（图7-41）。

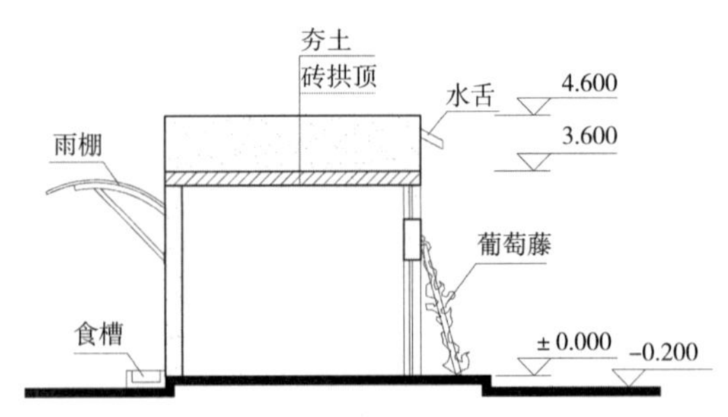

图7-41　改造后的管理室厢窑剖面图

图片来源：笔者自绘

农业现代化进程中，先进的电子设施也进入到了农业养殖领域。在管理室中设置监控系统，可以随时监视养殖窑洞中羊的活动状态，并起到防盗作用（图7-42）。

2. 废弃窑院改造设计之二——新型养殖生产小区（图7-43、图7-44）

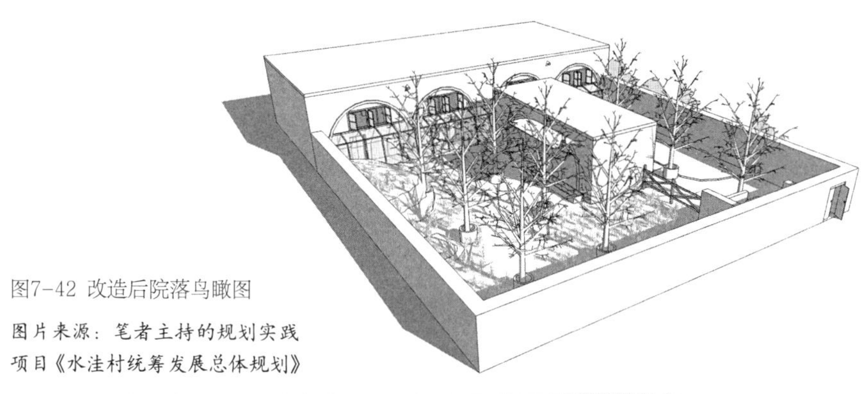

图7-42 改造后院落鸟瞰图

图片来源：笔者主持的规划实践项目《水洼村统筹发展总体规划》

图7-43 新型养殖生产小区鸟瞰图（一）

图片来源：笔者主持的规划实践项目《水洼村统筹发展总体规划》

图7-44 新型养殖生产小区鸟瞰图（二）

图片来源：笔者主持规划实践项目《水洼村统筹发展总体规划》

针对多孔废弃窑院的改造设计：

①将废弃窑院改造为养殖场，减少了再建设的资金投入。

②利用窑洞覆土的特点，及其周边土地众多的优势，种植农作物及绿化植被，打造乡土景观。

③根据养殖数量需求，对窑洞院落进行整合，窑洞院落作为养殖的户外场地，内部设置饮水槽，配置绿化树木，不仅满足功能要求，而且美化乡村风貌。

④景观结合生产性作物，种植于院落前，打造乡村田园景观。

⑤对乡村原有道路结构予以保留并依据情况加以改造，满足现代交通需求，做到院院通车，方便运输。

7.3 河南天官古寨风土空间再利用规划设计实践案例

在黄土沟壑地区，具有悠久历史与文化的古村落星罗棋布。这里既是历史上黄土高原传统农耕文明的摇篮，又是当今中国社会贫穷落后、生态脆弱的典型地。近些年来，在城乡收入巨大差别的冲击下，在农村区位条件的约束下，在农业现代化的要求下，在农村生活模式新的需求下，在国家退耕还林还草生态战略的调控下，封闭落后的黄土沟壑丘陵区基层村进行了大规模的移民搬迁，从而留下了无数黄土沟壑区空废的基层乡村村落。

对此，当前社会普遍采取“复耕”的模式解决这一问题。所谓复耕，即政府出资对废弃的村落建筑物进行拆除、进行垃圾处理，将原村庄建设用地变为耕地的过程。但我们发现，这些村落大多历史悠久、风土空间特色独具，其中的部分古村落民居建筑保存完好且具备旅游发展潜力，完全可以走再利用和复兴的发展道路。这便是本案例的意义。

7.3.1 天官古寨的历史文化、风土格局及其现实境况

1. 天官古寨的历史与自然山水格局

元朝末年将军许进西征时，经过函谷关对面之地，爱其山水之秀美，风土之古朴，遂选今“许家寨”处，卜地为家，至此许进成为该村许氏第一

世[①]。明代时，许家有父子四人官至尚书，天官古寨遂得名。

古寨地处函谷关对面，位于伏牛山山脉之末，属豫西典型黄土沟壑丘陵区。古寨地势东南高、西北低，传统民居分布于四周山体与台塬围合的灵芝状低洼地之中。天官古寨从区域环境到寨内格局都完整地体现了天人合一的思想。

1）古寨选址——自然山水空间格局（图7-45）

古寨选址四面环山，依山傍水，在汭位（河道弯曲的内环区）反弓段，满足“高勿近阜而水足用，下勿近水而沟防省”的选址思想，使古寨在山水之间取得良好平衡。古寨背依伏牛山山脉，东有龙头仰首，龙脉自龙头沿山体延伸至龙穴；南北两翼护山镇守，面对南北流向的弘农涧河；西有秦岭支脉作案山，呈典型的“背有靠，前有照，左青龙，右白虎，龙抬头”的山水空间格局特征。被伏牛山环抱在相对围合的空间中，为紧邻兵家之地的古村落提供了军事防御的保障。

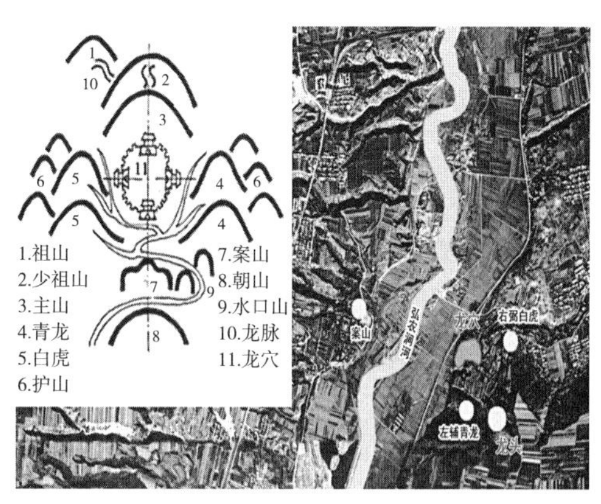

（*a*）山水格局平面示意图

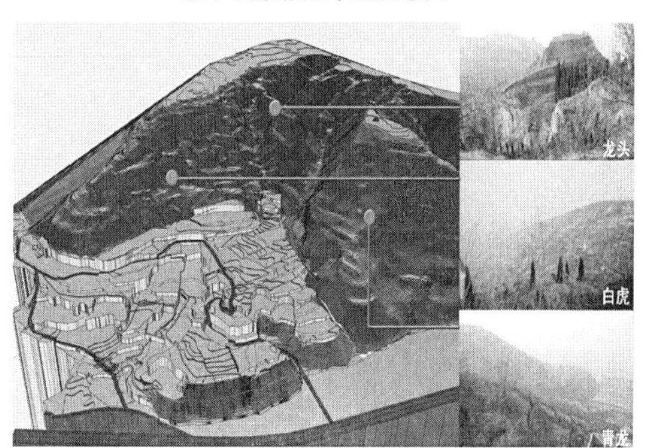

（*b*）山水格局鸟瞰图

图7-45 天官古寨山水格局分析图

图片来源：笔者主持规划实践项目《天官古寨修建性详细规划》

2）古寨格局——山水格局要素利用

天官古寨的山水格局来龙为伏牛山，伏牛山的左右余脉形成山水格局中的上砂和下砂，配合黄土沟壑的阻断与围合，加之在入口处通过人工修建水坑与栽种枣林来架构山水空间格局，最终构成“层层护卫”的“人居福地”。

① 转引自：笔者主持规划实践项目《天官古寨修建性详细规划》说明书。

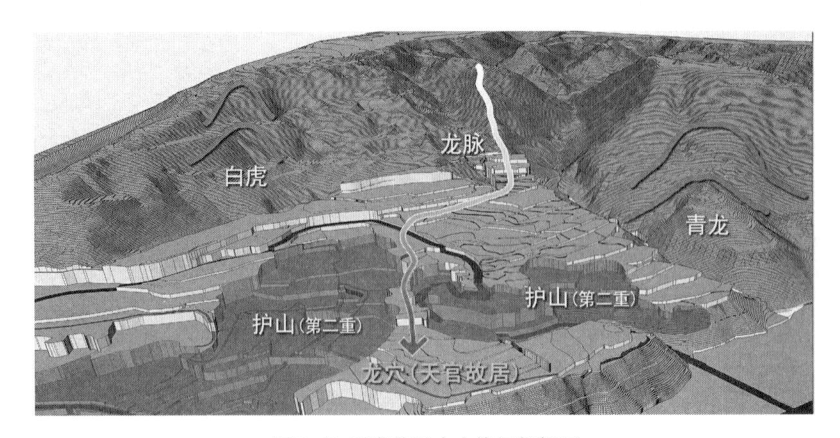

图7-46 天官故居山水格局解析图

图片来源：笔者主持规划实践项目《天官古寨修建性详细规划》

3）天官故居——山水格局的空间控制（图7-46）

天官故居选址古寨内地势最高、场地最开阔平坦的一块独立地块，可俯瞰整个天官古寨全貌。故居点位于龙头位置，被伏牛山和台地、沟壑双重叠抱，在双层防护下形成了古寨中最聚“气”的场所。故居院内风土墙将地块一分为二，北为居所，南为院落，院落迎南来之水，汇集福气，墙体阻断福气南进北出，将“气”在居所空间围合，使得天官故居成为将整个古寨风水文化展示得最淋漓尽致的用地。

2. 天官古寨的乡土文化与历史遗存

独特的自然地形地貌、著名的历史人物、传奇的山水空间格局，共同造就了天官古寨独特的乡土文化和丰富的历史遗存。

1）家族文化

自许威建立古寨起，开创了许氏家族在此地历经300多年的悠久历史，因此天官古寨的乡土文化发展伴随着一个显赫家族的兴衰。在漫长的家族历史中，尤其以精通风水道家思想的许浩以及许家四代天官的历史故事与传说最为著名，是天官古寨中许氏家族文化中的精华。

2）建筑文化

天官古寨的民居建筑集中地体现了地域风格、儒家思想、道家思想以及天人合一思想在建筑文化上的杂糅。如：利用黄土崖体深挖而形成的“靠山窑”

是豫西黄土高原形成的具有独特地域风格的居住形式；侧房基本都采用单坡形式，与主窑洞形成主从关系，恰是儒家礼制思想的反映；古寨中重要的建、构筑物，大多以黄土作为基础，并点缀有当地的五色石，体现道家的五行之说；古寨整体布局形态顺应山川地势，在狭长地带形成线形格局，在开阔地带形成集中布局，避免大规模开山而破坏龙脉，是顺天应时的天人合一思想。

3）历史遗迹

天官古寨现存有古寨门、许天官故居、古水道、百年枣树等历史遗迹，都见证着这个具有700多年历史古村落的兴衰历程。现存北寨门和西寨门是老寨出入通道，寨门均为土墙，其中北寨门内砌土砖贴面。明代许天官宅院位于基地中心凸起的高地上，不仅是四代尚书传奇故事的发源地，更是古寨山水格局选点与居住选址的典型代表。古寨东北角有一处近代诗人塞风的故居，与天官故居共同作为古寨不同时期文化内涵的代表。寨中的古水道为排洪泄洪之用，体现古人对聚居环境安全的关注。

3. 天官古寨的现实境况

今天，天官古寨距灵宝中心城区10km，北侧有连霍高速、郑西高铁，南侧有310国道，东、西两侧有规划建设的快速干道，共同组成了天官古寨便利的外部交通体系。天关古寨与函谷关古文化遗址区隔河相望，处在该旅游点的辐射范围内，今后将成为河南省乡村历史文化特色旅游线路中的重要一站。天官古寨处在豫西丘陵山区中的伏牛山山脉之上，是典型的黄土地貌，整个古寨地形东南高、西北低。原聚落位于四周山体与台塬围合的灵芝状低洼地中，其村落建设用地沿东南—西北向延展，高程从326m至525m，高差变化较大。由于干旱少雨，村域中植被稀疏。作为传统的农耕区，目前村域中还保留有许多梯田。（图7-47）

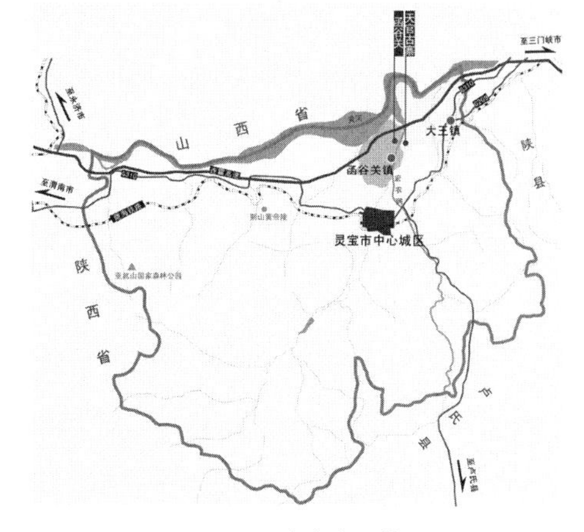

图7-47 天官古寨区位图

图片来源：笔者自绘

1）天官古寨的社会与经济现状

随着城镇化发展与生态移民政策实施，天官古寨村民已基本搬离，本地社会与产业也随之解体，村落已基本完成消解过程。造成该村彻底消解的原因主要有：生态环境脆弱，阻碍了农业生产的发展，造成农业生产力水平低下；城乡收入势差的冲击，导致人口大量外流；留守的人口规模无法支撑现代化的公共服务设施；复杂的地形地貌致使乡村基础设施建设艰难；国家退耕还草还林战略将此地划定为退耕区域等。

2）古寨历史文化消解的危机

随着村落人口的迁移，本地社会逐步解体，承载天官古寨历史文化的载体也即将消亡，该地的历史文化面临着严重的消解危机。主要体现在：原有社会的消解致使历史记忆、传说、故事的传承遭到中断；人口迁移，造成古老的村落空间、公共建筑以及民居建筑遭到拆除和损毁；原有宅院建筑无人居住后，缺乏修缮，快速地老化和坍塌；离开传统的聚落空间，导致本地特有的生产、生活方式消失殆尽。

3）古寨生产、生活环境状况

按照建设适应性划分，可将天官古寨村域用地分为两类：可建设的黄土台地和不可建设的山体生态用地。其中传统居住用地7.5hm^2，占可建设台地的30.6%，天官故居占居住用地的4.32%；枣林地面积7.98hm^2，占建设用地的32.56%。天官古寨当前除了种植枣树以外，其他产业全部消失。村落道路系统由一级环形路贯通古寨内部，由二级道路疏导地块内部之间具体的交通联系，呈枝状分布。古寨内无现代化的基础设施，4口新中国成立初期开挖的水井均已废弃。

古寨内的建筑主要为靠山窑，全村共有185孔窑洞，其中35孔为窑院格局。由于黄土易湿陷的特性，90%的窑洞已出现破损和坍塌。废弃的窑院仅能从黄土墙体的遗迹中大体看出院落轮廓。其他少量建筑为土木结构或砖木结构的民宅，保存状况较窑洞略好。古寨现已没有完整的建筑群落，传统的公共建筑和开放空间也已遗失殆尽，村落周边的崖体也出现不同程度的坍塌。

4. 天官古寨资源条件与价值评估

天官古寨的资源要素分为两类：即原生资源和衍生资源。原生资源指古寨所处地理、气候环境等自然力造就的地形地貌；衍生资源指在古寨地貌上由人的生产、活动所留下的痕迹，包括有形的资源与无形的资源。在资源要素梳理的基础上，对其进行三个等级的划分。最终基于价值、历史、需求等因素，建立评价体系，对古寨的资源要素进行评价研究，划分出可利用和不利用两类（表7-6）。

天官古寨资源要素评价表 表7-6

等级	要素	分析	价值	历史	需求	可利用型
一类	黄土地质	引导古寨的居住方式，与函谷关（秦岭）生态环境形成鲜明对比	√	√	√	√
	天官故居	唯一的官居建筑，布局蕴含风水文化和道家思想，主人经历具有教育意义	√	√	√	√
	风水格局	传统古村落的重要特色文化	√	√	√	√
二类	山地地貌	古寨防御与景观的重要构成元素，是传统古村落选址方式的体现	√	√	√	√
	靠山窑（单体）	古寨民居建筑的唯一形式，人居生活条件和历史的一种体现形式	√	√	√	√
	窑院	改善单一靠山窑的居住环境，院落占地较大	×	√	×	×
	龙头山、宝塔山	自然形成的古寨独特景观元素	√	√	√	√
	古寨门	古寨建筑材料和元素的体现，古村落文化氛围的导引	√	√	√	√
	古枣园	风水文化要素和特色植物	√	√	√	√
	乡土文化	古村落氛围环境的主要构成要素	√	√	√	√
	道家文化	古寨历史文化发展过程的重要组成部分	√	√	√	√
	历史人物与故事	“演义”古寨再利用的支撑元素	√	√	√	√
三类	塞风故里	抗战时期古寨中代表人物故居	√	√	√	√
	古水道	传统的基础设施，反映原住民对居住环境的防护思维，增加古寨景观元素	√	√	√	√
	耕地	农耕时代必需品，低效产业输出不适应现代需求，且占地区位不利于整体发展的再利用	×	√	×	×
	黄土断墙	窑院的围合构筑物	×	√	×	×
	传统农业生态景观	季节性较强，景观丰富度不够	×	√	√	×

注：√表示评价指标具备，×表示评价指标不具备，评价结论“可利用型”依据评价指标得出，采取单类指标淘汰制，即有一类指标不满足即被判定为不可用。

资料来源：根据天官古寨调查资料整理

7.3.2 天官古寨风土空间与时代条件的耦合

由于天官古寨目前已基本消解完成，因此其再利用的类型与传统古村落开发类型不同，但是共同遵循外部条件与研究对象内部相切合的情况是不变的。透彻分析内外条件之间的耦合关系，是确定天官古寨再利用性质定位与功能的外部前提。

1. 时代条件与天官古寨的耦合点

1）外部时代机遇

首先，城镇化进度加快，同时也加速了历史型基层村的消亡，面对这种现象，社会各界已经开始逐步意识到文化遗失的危机，改变目前困局的时机即将到来。特别是河南地区，历史文化底蕴丰富的古村落本就较少，因此，拯救和复兴省内的历史文化村落尤为迫切。

其次，乡村旅游近年来在我国兴起，尤其以古村落旅游最为火热。古村落以其自然的景观环境、传统的建筑形式、古朴的农耕文化吸引着众多游客。蓬勃的旅游市场，促使着古村落保护工作的推进，刺激着古村落重建与复兴的需求。

再次，天官古寨周边的交通与旅游环境正在形成。紧邻天官古寨北侧的三灵快速通道的建设正在进行中，它是连接着三门峡与灵宝的重要通道。已完工的郑西高铁和规划中的运城—三门峡—淅川高速铁路将为古寨快速连接更为广阔的地域。古寨毗邻的函谷关古文化旅游区发展迅速，正在成为灵宝市乃至三门峡市的新经济增长点，借助该旅游环境，古寨旅游业将快速突破初期发展瓶颈。

2）天官古寨本体价值特色

首先，天官古寨有着独具特色的地貌景观。古寨风土空间范围内的黄土沟壑和山体占超过65%的面积，成为古寨自然环境的主要构成要素。古寨外被黄土台地与外界所遮挡阻隔，台地形成南北延伸的黄土壁画，入口有黄土堆积而形成的“壶口”景观，南侧有天然错层而来的十三级宝塔山，东侧被形似大鹏的伏牛山山脉整个环抱，寨内层层黄土阶地交错布局，使古寨具备了变化丰富的黄土地貌景观。

其次，古寨有着丰富的地域特色文化。其中以乡土文化、风水文化、道家文化，以及许氏家族历史文化最能体现出古寨的价值，使其异于其他基层村。

最后，天官古寨是黄土建筑的集中展示区。村中分布着黄土崖体、黄土寨门。众多的黄土民居，是豫西居民因地制宜而发展出来的建筑形态。

3）天官古寨内外条件分析

通过列举外部时代机遇与内部本体价值，对天官古寨的内部资源和外部机遇、时代背景进行关系分析，为确定风土空间再利用性质定位和所需功能建立基础。（图7-48）

2. 天官古寨风土空间再利用功能定位

根据前述的内外条件耦合分析，最终确定三类古寨风土空间再利用功能。

1）休闲居住

将古村落中的传统民居作为留宿驿站，使游客体验传统建筑文化；居住环境具有的充分自然地貌特色，让游客亲近自然的同时能真正地放松心情。

2）地域文化展示与体验

将古村落中具有地域文化特色的典型建筑、服装、食物、节日习俗等融入游客日常的居住、餐饮、购物、娱乐活动当中，增加游客对文化的参与性。

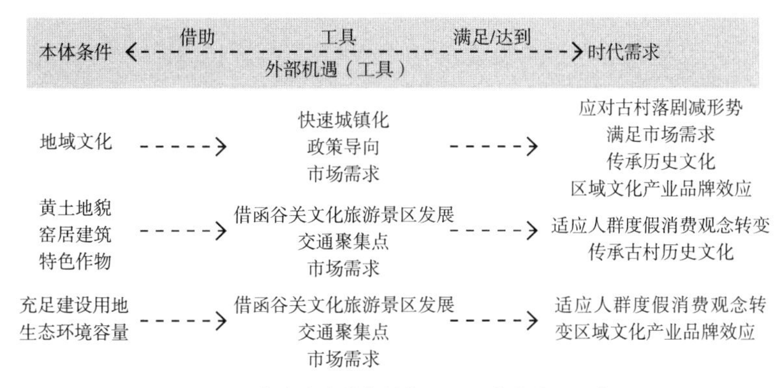

图7-48 天官古寨本体条件与时代需求的关系示意图

图片来源：笔者自绘

3）健康养生活动体验

在古村落自然环境与空间中发展各种休闲活动与运动项目，此类户外活动让人群在感受古村落美丽景色的同时，享受慢节奏的休闲时光，让游客身心都得以休息。

7.3.3 天官古寨风土空间控制

1. 控制性详细规划技术的选择

天官古寨处在即将消解完成的阶段，人口流失殆尽，村落物质空间基本损毁，今后复兴所带来的任何开发建设基本是从一张白纸开始。为了避免盲目开发破坏风土空间，就需要对各种建设活动进行严格的管控，目前最为有效的管控建设手段便是控制性详细规划技术。控制性详规一般是在城市的规划中运用，是作为上位城市总体规划的细化和下位修建性详规设计的指导与控制在城市用地中展开的。这种规划技术能准确地管理地块开发建设中的容积率、绿地率、建筑密度、设计风格等重要因素，因此本案例选择该技术实现古寨的风土空间控制。

2. 技术方法

天官古寨风土空间控规的应用主要须完成两个目标：目标一，基础图则：利用不同的高差地理空间分区地块，汇编地块现状条件和评估后的可开发的空间，体现地块具备了哪些空间资源，有多少可利用的空间资源；目标二，控制图则：依据基础图则、定向功能的落位，确定各个地块的开发强度与设计意向，体现规划用地性质，由此控制和引导天官古寨风土空间再利用的开发数量值和形态结构。具体方法流程如下。

1）区划建设用地

以坡度为评价依据，区划风土空间内可建设用地与非可建设用地，由此反映古寨整体的建设用地资源容量。

坡度划分原则应参考城市主要建设用地适宜规划坡度，并将其作为规划依据。

2）划分片区地块，规范地块编码

以化整为零的方法，从自然分割线和现状道路形态对风土空间划分片区；以高差变化为主、交通联系为辅的方法来划分单元地块，利用控规的层次划分对应分区进行地块编码，形成对天官古寨风土空间地势构成的深入认识和地块交通的第一步构思（图7-49）。

图7-49 天官古寨地块划分编号图

图片来源：笔者主持规划实践项目《天官古寨修建性详细规划》

高差划分基本原则参考空间形态上功能的同类性。在古寨风土空间四大片区基础上，以10m高差为界线进行二级分区的划分，分区间车行交通完全独立配置；以5m高差为三级地块界线，保证地块内部车行交通完整。

3）梳理基底资源量，确定基础图则

对地块内部地势变化、用地形态、建筑类型、古树名木等基本资源条件进行完全统计，形成对地块文化资源潜力和古寨用地的整体把握，同时兼顾建筑退让距离要求，以此确定地块实际可建设容量。

用地控制原则如下：

（1）用地作分类处理时，挡土墙、护坡的尺度和线型应与环境协调。

（2）依据土石方和防护工程标准，挡土墙的高度宜为1.5~3.0m，超过6.0m时宜退台处理，退台宽度不应小于1.0m；在条件许可时，挡土墙宜以1.5m左右高度退台。

（3）在建、构筑物密集、用地紧张区域及有装卸作用要求的台阶应采用挡土墙防护。

（4）土石方平衡应遵循“就近合理平衡”的原则，根据规划建设时序，分工程或分地段充分利用周围有利的取土和弃土条件进行平衡①。

4）确定用地功能与性质，引导指标基本构思

剖析单元地块的历史文化背景和游客的空间感受，以此确定地块功能，同时将功能作为确定用地性质的导引，以国内外旅游用地分类标准为基础，最终形成适合天官古寨的用地性质分类。控规指标与范围的确定，应借助山地风景区和古村落建设的案例总结确定，并按照天官古寨的地域文化倾向和地块性质定位进行综合分析，形成基本规划构思。

指标控制原则为，以文化特征为度量，以生态环境良性循环为目的，寻找用地功能、景观等要素与指标的关系，因地制宜地突出古寨魅力和休闲度假特性。

5）借助三维模型确定控制指标

对初步拟定的建筑密度、建筑限高等控制指标利用典型实验法，按照规划构思建立三维空间效果图，从效果图的空间形态反推开发强度的合理性和进行城市设计导引，从而保证控制指标与自然环境的协调统一。

6）确定弹性内容，完成控制图则（图7-50）

弹性内容包括弹性要素和弹性系数。在满足总量控制的前提下，将控规中容积率、建筑面积以及用地性质作为弹性要素，满足设计与需求的变化调整。

7.3.4 天官古寨风土空间再利用规划布局

1. 规划原则

古村落的再利用需要顺应自然规律；有控制、有节制地进行开发建设；尊重历史文脉，实现村落复兴；形成生产—消费的内部绿色循环，构建旅游与环境良性的互动关系；充分考虑市场因素，顺应市场竞争，走出自身发展道路。

① 转引自笔者主持规划实践项目《天官古寨修建性详细规划》说明书。

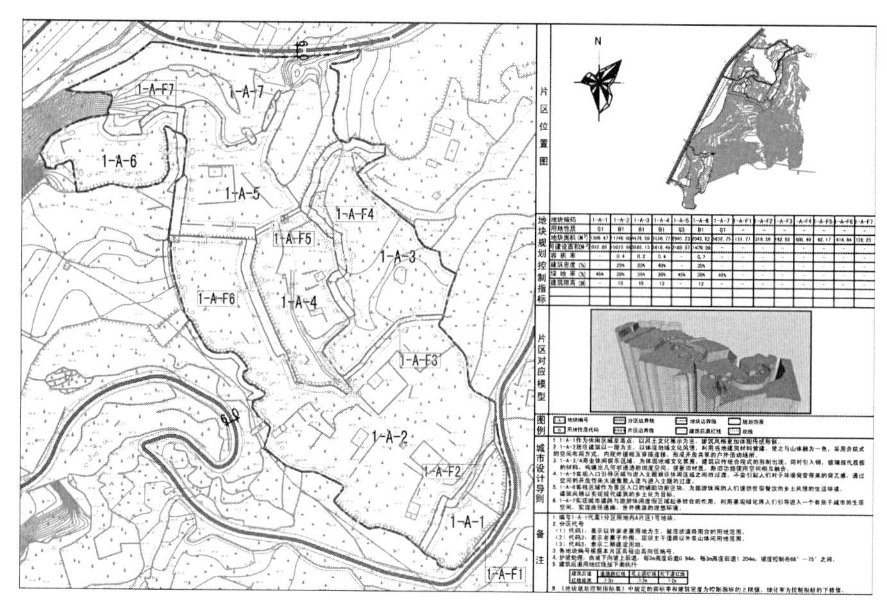

图7-50 天官古寨1-A片区控规图则

图片来源：笔者主持规划实践项目《天官古寨修建性详细规划》

2. 规划目标

古寨依托函谷关，注入旅游、休闲、度假功能，以传承地域风土文化为手段，整合现代技术与传统技术，重构古寨建筑群落空间形态，以复兴古寨空间活力。最终实现历史文化复兴、产业经济活跃、人居环境和谐的目标①。

3. 空间结构规划

规划顺应天官古寨地貌、历史和文化特征自然形成“九区一轴”结构形态（图7-51）。

“九区”，指西北两入口区、古寨休闲商业核心区、天官故居旅游区、综合休闲服务区、温泉酒店度假区及三个休闲度假居住区。以古寨休闲商业核心区为核心，综合商务服务和居住功能在外围。

“一轴”，指由北入口至东侧商务度假区的古寨文化走廊，引导天官古寨历史文化游览的开启，且是天官历史复兴和传承的主要表现空间。

① 转引自：笔者主持规划实践项目《天官古寨修建性详细规划》说明书。

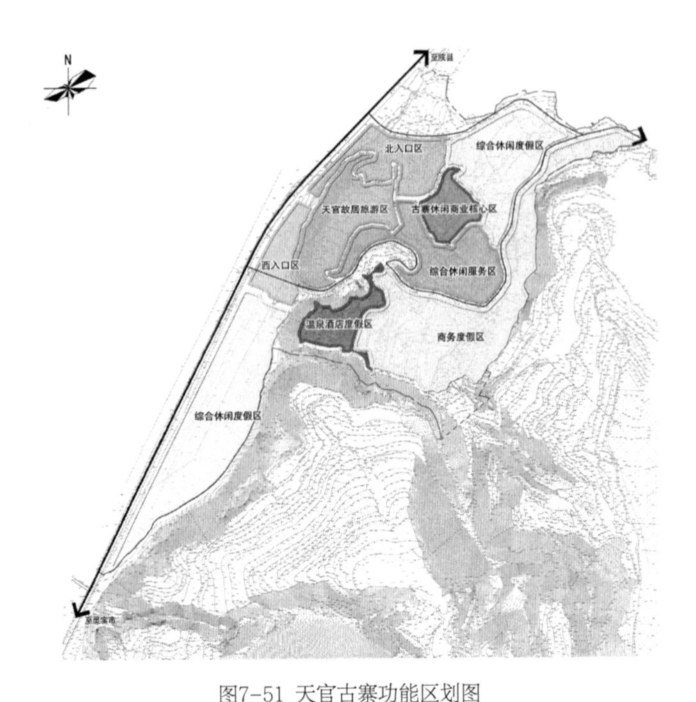

图7-51　天官古寨功能区划图

图片来源：笔者主持规划实践项目《天官古寨修建性详细规划》

4. 交通组织

天官古寨内部道路规划遵循依山就势、尽量保留原有路网形式的原则，根据地形条件和现有道路格局，首先进行整合规划，形成了一个环路联系分区，小路解决片区交通的路网格局。基于山地地形与现状道路关系，出入口均设在片区西侧县道上，由北向南依次为：景观型出入口，交通型出入口。

5. 景观规划

天官古寨度假景观设计注重对文化景观的保护和利用，以文脉传承、视觉美感、绿色生态为原则，来突出古寨本体的风俗文化和风貌。古寨景观营造以展示地域文化为主题，按照人为设计改造的程度自西向东呈递减序列，分为建设区景观、生态区景观（图7-52）。

1）建设区景观规划

天官古寨建设区整体景观风格以地域乡土化原则控制，结合天官古寨

图7-52 天官古寨规划鸟瞰图

资料来源：笔者主持规划实践项目《天官古寨修建性详细规划》

的本底景观元素、历史文化，运用“演义”手段营造出天官独有的景观艺术产品。

2）生态区景观规划

伏牛山作为天官古寨的景观背景，需要保持景观的完整性、原始性和地域性。山体开辟观赏步行道，按照顺应地形、利用原路的原则，保留并整合现状山路，使其相互联系，曲折而富有趣味性。沿路有古枣园、小木屋等户外活动场所，并设计以道家文化、黄土文化为主题的图案花式景观小品，装点山路的同时寓教于乐。

7.3.5 天官古寨典型风土建筑的复兴设计

1. 建筑设计原则

天官古寨典型风土建筑的复兴设计运用演义的手法，“依傍史传，再现成文”，通过对历史节点的场景再塑，为人们讲述天官古寨在时代变迁的背景下的历史衍变进程（图7-53）。

天关古寨建筑群实体空间的设计，按照7：2：1控制传统建筑、新乡土建筑和现代建筑空间比例（图7-54，图7-55）。

1）历史遗留建筑是风土文化的空间载体，其整体空间格局是对天官古寨世代建筑生活体系的空间响应，是人们在传统农耕时期“生产—生活—生态”一体化的历史场景，这些构成了天官古寨实体空间格局的整

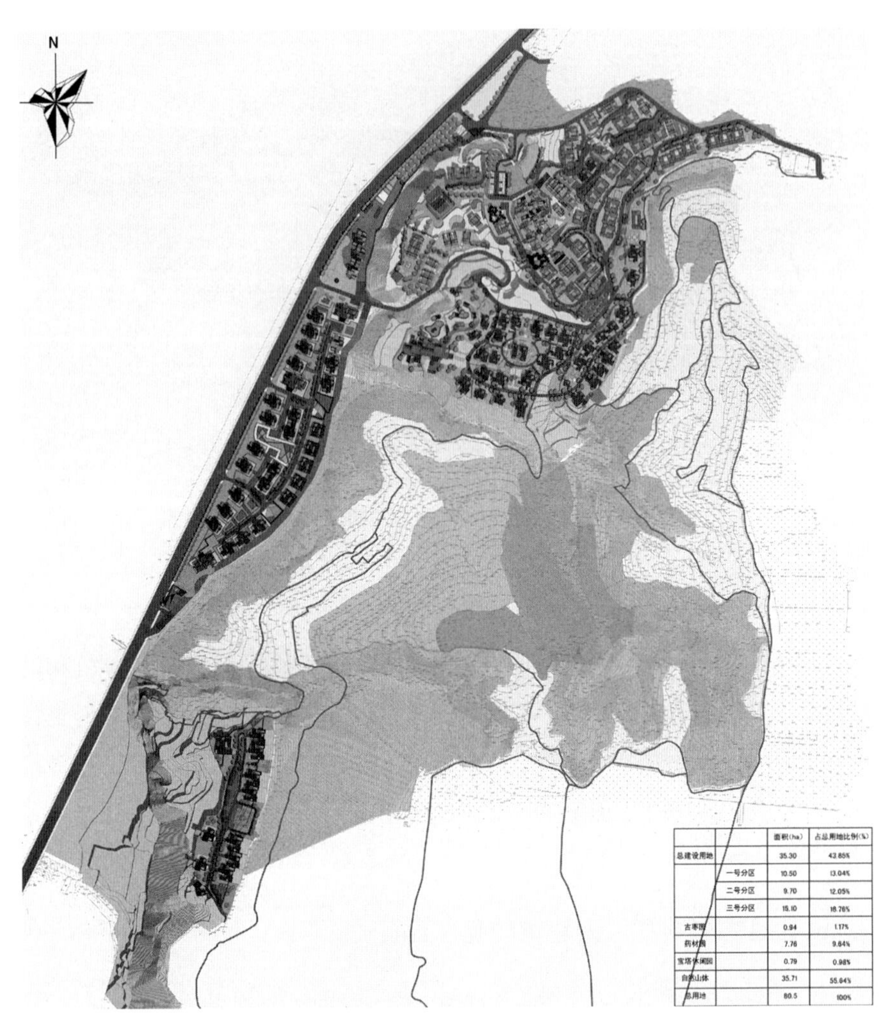

		面积(ha)	占总用地比例(%)
总建设用地		35.30	43.85%
	一号分区	10.50	13.04%
	二号分区	9.70	12.05%
	三号分区	15.10	18.76%
古寨园		0.94	1.17%
药材园		7.76	9.64%
宝塔休闲园		0.79	0.98%
自然山体		35.71	55.64%
总用地		80.5	100%

图7-53 天官古寨历史空间演义

图片来源：笔者主持规划实践项目《天官古寨修建性详细规划》

体骨架。

2）新乡土建筑融合了传统建筑的地域性元素与现代建筑技术材料。建筑设计充分尊重当地本土建筑技术思想，充分利用山水格局和地形条件，整合地域性建筑文化，并将其转义应用在新的时空和场所。

3）现代建筑点状散落式布局在街巷空间，其建筑设计应基于现代生活

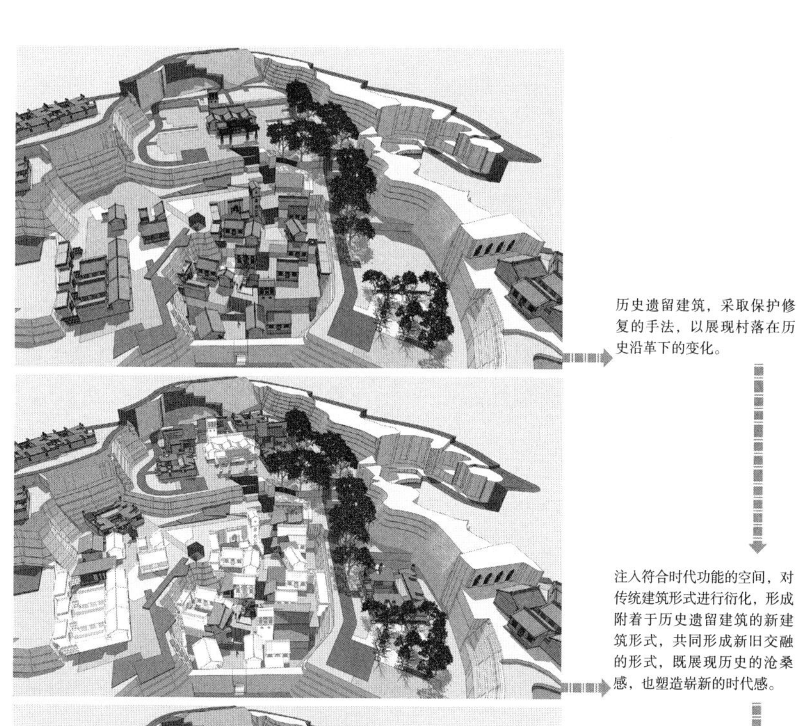

图7-54 天官古寨典型建筑演义途径技术分析图

图片来源：笔者主持规划实践项目《天官古寨修建性详细规划》

方式的多样需求，将当代建筑技术材料构造设计手法，与新需求下产生的新的建筑艺术审美观念、新的建筑功能、人文需求统筹考虑。

2. 典型民居建筑演义设计示范方案（图7-56）

1）建筑参数

院落长17.7m，宽13.5m，总面积238.95m^2，1层，高度为6.3m。

图7-55 天官古寨典型建筑效果图

图片来源：笔者主持规划实践项目《天官古寨修建性详细规划》

2）建筑功能

带有当地文化特色的衣食游展等功能，例如酒吧茶座、工艺品展销、特色饮食。置换窑洞空间传统居住功能，转换利用方式，增加商业服务、储藏等辅助功能，充分利用窑洞建筑空间。

3）建筑风格

豫陕建筑风格导向下，运用合院式坡屋顶建筑形制，形成传统建筑、新

设计理念

基于传统建筑的空间形制，引入符合时代需求的功能要求，在材料的选择上以传统木材、砖为主，辅助以钢和玻璃等具有现代质感的材料，两者并置以形成历史沧桑感与现代时代感的并融；在功能上赋予娱乐、休闲、酒吧茶座的崭新功能，但空间上却沿用传统合院的形制，为来访消费人群提供地域乡土浓厚的场所感，以此区别于机械的城市消费空间。

平面图

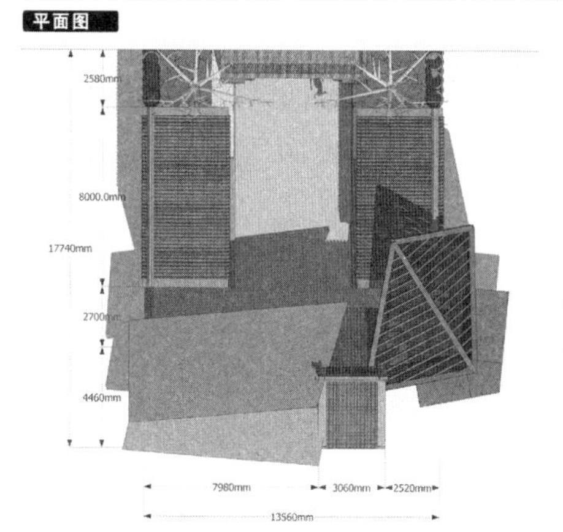

正立面

东面采用通高空间的钢与玻璃结合的开放空间，活跃形体

侧立面

传统建筑外围的实体墙面被钢与玻璃的开放空间所打破，虚实对比鲜明

鸟瞰图

内院透视

传统建筑形制、传统砖砌的运用，都在体现地域韵味

图7-56 典型民居建筑演义设计示范方案

图片来源：笔者主持规划实践项目《天官古寨修建性详细规划》

乡土建筑、现代建筑和谐共生的空间场所。以传统建筑为主体，变部分区域的建筑形式为新乡土建筑与现代建筑，多种形式并存，可以感觉到时间的穿越感。

4）建筑色彩

保持传统建筑青砖灰瓦的基本色调。

5）建筑材料

传统建筑：墙体为青砖，屋顶铺灰瓦，门窗木构架。

新乡土建筑：墙体为青砖，屋顶为钢筋混凝土浇筑、门窗棕木色铝合金。

现代建筑：钢骨架，玻璃墙体。

6）建筑环境

商铺之间空间紧凑比邻，院落之间相互渗透。院落空间中，树作为外部空间的构建元素，营造室外林下休闲空间场所。一方面满足内院活动的人视线停留、互动交流的需要，另一方面吸引在街巷游走的游客进入院落。

7）组合布局

传统合院形制作为古寨休闲商业核心区的单元模块，突破传统的商业街区空间布局手法，摒弃规整式用地的设计习惯，依循每个地块的用地边界形态，结合用地性质、功能定位、建筑空间意蕴整体布局建筑群体（图7-57）。

图7-57 典型民居建筑群组设计示范方案

图片来源：笔者主持规划实践项目《天官古寨修建性详细规划》

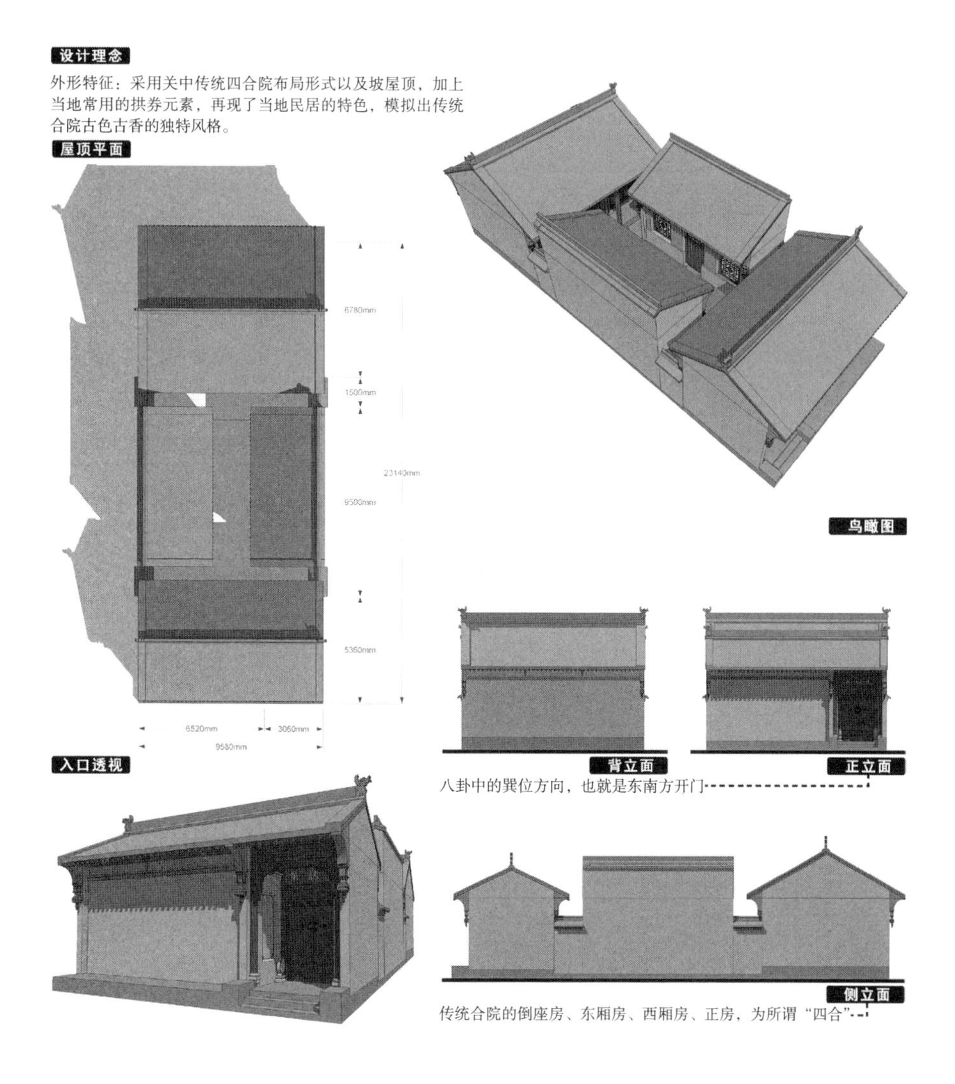

图7-58 传统合院建筑设计示范方案

图片来源：笔者主持规划实践项目《天官古寨修建性详细规划》

3. 传统合院建筑设计示范方案（图7-58）

1）建筑参数：院落长23.14m，宽9.58m，前厅、厢房层数为1层，建筑面积221m^2。

2）建筑功能：建筑合院空间本身具有体验式游览、当地历史文化传承展示，以及旅游产品销售的功能。

3）建筑风格：建筑地域风格明显，采用典型的关中地域建筑坡屋顶及诸多传统关中地域建筑元素，空间形制规范严整，是对传统关中四合院民居建筑的现代“演义”。

4）建筑色彩：保持传统建筑青砖灰瓦的基本色调。

5）建筑材料：墙体为青砖，屋顶铺灰瓦，门窗、屋架为木构架。

6）建筑元素：见表7-7。

建筑元素表　　表7-7

墀头	雀替	嵌墙式柱础	柱础
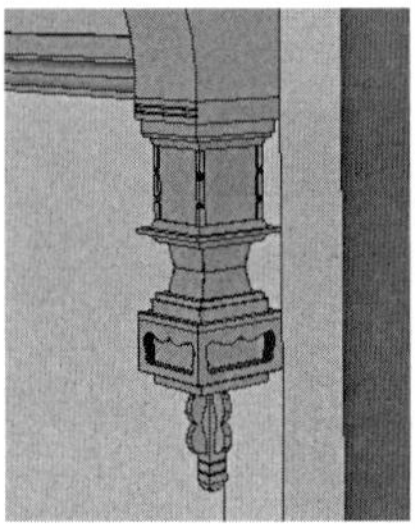		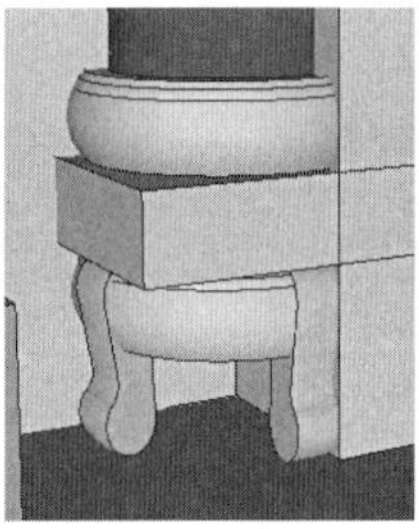	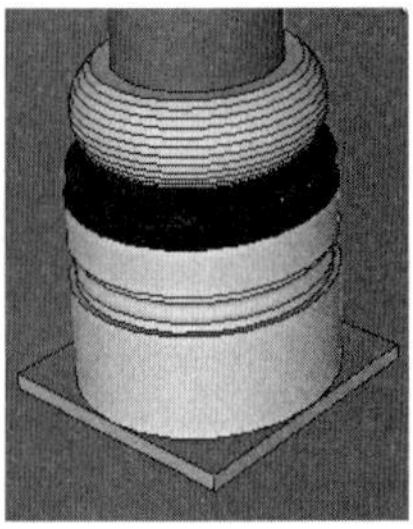
福禄锁	斗拱	窗上方的墙饰	吻兽
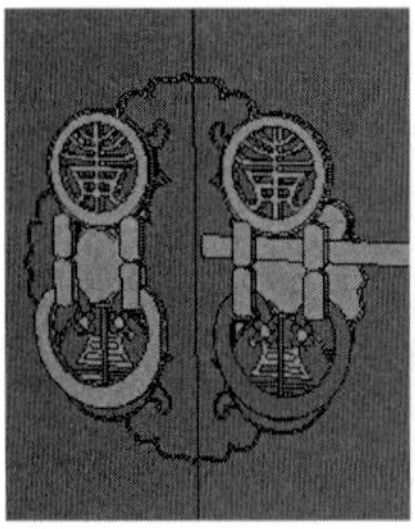			

图片来源：笔者自绘

4. 传统元素的现代演义（图7-59）

图7-59 传统元素的现代演义

图片来源：笔者主持规划实践项目《天官古寨修建性详细规划》

7.4 小结

本章结合青海、关中、豫西三个不同地区典型基层村的规划设计实践案例，一方面试图应用课题研究成果进行示范，另一方面试图通过规划实践对研究成果进行实践验证。天官古寨是“完全消解后风土空间再利用”的类型，洪水泉村是“消解中向生态文化旅游转型发展”的类型，水洼村是“消解中向现代农业转型发展”的类型，三者有共同点也有很大的差异性，属于黄土沟壑区基层村消解的部分典型类型，由此本章得出以下几点结论：

（1）前文总结的绿色消解规划原理与方法，具有全面推广应用的可行性和必要性。

（2）前文总结的消解对策，分别在不同类型的基层村发展中，不同程度具有现实指导意义。

（3）不同类型的基层村，同一类型不同的基层村，具有不同的广义资源发展条件，传统人居建设环境的绿色消解模式，是多样的、复杂的，其模式可以学习但不适宜模仿。

（4）不同类型基层村绿色消解的基本模式为消解因子的发展因子转化。

（5）基层村绿色消解必须寻求生产、生活与生态的一体化整合。

（6）基层村绿色消解必须寻求规划、建筑与产业的整体应对。

（7）基层村消解不能摧毁村落乡土历史文化遗产。

（8）基层村的绿色消解必须坚持循序渐进的软消解模式。

8 结语

中国社会本体是乡土社会，占人口数量多数的人集中在此，矛盾问题的主体必然也产生在此。城镇化与农业现代化是中国国家重大发展战略，联合国对此的最新研究报告预计，到2030年，中国城镇化率将提高到65%～70%，这意味着今后20年间，将有3亿农村人口逐步量变流转为城镇人口，相当于7500万个农村宅院将在近二十年内逐步消解，如何应对乡村人居环境这一巨大转变，无疑会成为国家亟待解决的重大难题。

在我国城乡人居环境“城—镇—村”结构体系中，城市以其绝对强势的吸引力使得人口不断增长；镇因其城乡双重特性，人口既有被城市吸引走的一面，也存在着吸引乡村人口的另一面，整体表现出动态不稳定性；而乡村则因其绝对弱势的地位始终处于人口持续衰减的发展态势之中。

基层村作为“城—镇—村”体系中的最末端单元，既是规模最小、功能最单一的基本聚居单元，同时也是数量最大、类型最多的基本聚居单元。长期以来，基于农村劳动力过剩的人力资源条件，迫于农村产业类型单一的限制，受农业经济效益低下的影响，受村落人口规模过小的瓶颈局限，受城乡体系层级地位弱势的局限，受城市生活与就业条件的强力吸引，黄土沟壑区基层村不同程度地共同呈现出大规模的数量减少、人口衰减、宅院空置、功能转型、资源浪费等清晰的单边倒发展趋势。

这种单边倒趋势既体现在基层村整体数量的减少，地区农业社会结构体系转型；也体现在一个具体的基层村内部，因其稳定的“生产—生活—生态”一体化格局被打破，而衍生的各种衰退问题。对此，我们称其为基层村的消解。本书研究内容主要侧重在基层村内部的消解。

消解前与消解后的基层村均处于相对稳定期，对其进行规划建设并不复杂和困难，问题的关键在于消解期，即量变期。其量变期间人口、空间、生产、生活均处于长周期持续不稳定的动态变化中，因此规划建设不仅需要准确预测消解周期的长短，而且必须协调好现时、随时与远时的有机高效匹配问题，从而才能保障基层村人居环境的良性转型。

从城乡规划学和建筑学角度看，消解期基层村并不适合传统的规划技术方法，问题主要有两点：其一，主体格局不同。传统规划模式，即城市的规划模式，一般呈现出扩张性、增长性和新建式特征，是一种消解耕地以建设人居生活系统的过程。与此相反，消解期的基层村，其发展是消解人居生活系统以发展现代农业产业的模式，呈现出收缩性、减少性和再利用性特征。耕地易转但房屋难变，农作物易铲但乡村的人与社会很难迁移。其二，规律不同。城市常规的发展方式具有主动性、计划性和规律性特征，消解期的基层村具有动态性、随机性和多变性特征。前者可用主动计划方式应对，但后者必须以动态的、顺势导引的方法解决。

本书研究基础资料主要集中在2008年之后笔者对黄土沟壑区及其周边地区的农村开展的一些科研以及实践的基础工作上。基于此，本书研究面向黄土沟壑区基层村人居环境，基于该地区生态脆弱、贫穷落后、城镇化水平低下、村落布局分散的现实，适应其村庄减少、人口衰减、民居消解、农业现代、生态主导等城镇化影响下的发展态势，针对基层村发展中所出现的规划无效、建设无序、资源低效等问题，归结其发展特征与消解规律，从“生产—生活—生态”一体化新融和的角度，剖析其消解的动因，提出基层村绿色消解的基本方向和途径，在“绿色”基础理论指导下，结合笔者的实践和思考提出一种黄土沟壑基层村城镇化进程中，面对发展的积极消解的一种思路，并实证性地探讨了黄土沟壑区基层村消解的三种类型。

8.1 研究的主要结论

（1）城镇化和农业现代化背景下，农村发展呈现“生活消解、生产集约”的新方向。基层村消解的内涵是指传统农耕方式下的“生产—生活—生态”一体化的打破与解体，其主要表征是在三个体系各自在内部及其建立的相互关系中，全面呈现出低效、资源浪费、非绿色与不平衡。

黄土沟壑区的乡村步入了一个快速转型时期，跨越式的“现代化与集约化”是其典型特征。一方面，农业生产方式小型机械化、畜牧业生产方式“现代小区”化、出行方式机动车化、通信方式手机化、意识观念开放化、公共服务城镇化、使生产生活能效增强、劳动力人口解放、就业渠道多元、收入水平提高、乡村现代化基础逐步在形成；另一方面，人口向城镇集约、土地向专业户集约、山坡地向生态林业集约、台塬地向经济农林业集约、农业向农林牧集约、加工业向镇区集约、产品向区域同类化集约、学生向优势教育资源集约、居住向完全小学以上村镇集约，使乡村体系区位资源条件分化，空间结构层次势差加大。

消解不是表象上呈现的宅院空废、土地抛荒等简单问题，而是涉及农业生产系统、建筑生活系统和自然生态系统内部与之间关系的全面问题，必须要结合社会、经济、文化因素，在更大范围和体系中看问题，才能达到对现状完整、客观的认识。

基层村消解，指中国城镇化进程中，在城乡势差与农业现代化影响下，基层村优势人口不断向城市转移，农村建筑生活系统不断消解，逐步向现代农业转型发展的过程。基层村消解一般分为三个阶段：前期，以优势人口流失为主要特征，以解决家庭经济收入为主要目的，表现为离土不离乡；中期，以家庭迁移为主要特征，以解决家庭根本发展为主要目的，表现为以家庭为基本单元的离土离乡；后期，以村落社会生活解体为主要特征，以解决家庭基本生存条件为主要目的，表现为被动的离土离乡。

（2）从消解与发展的基本关系、消解的现象、基本规律、动因等方面看，消解本身并不是基层村发展的问题，而是基层村发展的必然过程；消解没有成为基层村良性发展的动力，这才是当前基层村发展遇到诸多问题的根源。

科学研究中，不存在没有规律的现象。所有现象必有规律，而规律必然是有成因的。基于这样的逻辑，本书对消解有如下研究：消解与发展可以从时间、空间、规模、经济和政策上建立五种基本关系。消解的基本规律包括：主体消解快于载体，生产发展快于生活消解，建设发展快于消解发展。消解的动因包括：基层村末端角色决定的单边倒发展形势，黄土沟壑区自然地理资源条件对基层村现代农业发展产生的新约束条件，农业现代化效应促使劳动力剩余，城市经济的优势与农业经济的低效，农村家庭在改革开放后家庭经济来源的多元化，城镇化的催化剂作用等。

在“消解本身就是问题本身”的思路引导下，解决基层村问题的建筑规划思想、编制方法、技术标准等，以及国家相关政策都集中在怎样不发生消解，怎样消灭已经发生的消解，这其实都是由对消解认识和把握的失误引起的。

消解是不可避免的，消解已经发生，消解无法让基层村良性发展的各种矛盾问题也已经出现。基层村消解是农村传统“生产—生活—生态”一体化解体后，向这个“一体化”新融合关系转型的结果，是从基层村发展的传统封闭模式到现代开放模式转型的必然，消解整体问题的解决途径必须到消解的原问题中去寻求其良性发展出路，这是一个基本共识。

（3）人口消解基本规律、人口消解量化分析、基层村建筑生活系统消解期人口流变规律、人口流变动态预测方法等研究，验证了农业人口密度减少造成的农村地区“人口减量化”增长是未来农村发展的基本形势。在“绿色”概念下顺应这一形势，才是基层村发展的基本出路。

基层村人口基本规律主要表现为：劳动力人口首先离开；文化程度越高，人口可能离开得越彻底；时间顺序上，离开与回流都存在；同一时间段内，城乡两栖流动。基层村建筑生活系统消解期人口流变规律有三种类型：现代农业发展型、生态发展型、旅游发展型。其中现代农业发展型基层村人口流变在时序上分为五个阶段，在农业生产技术改变劳动力需求的状态下，会重复人口流变，但基层村人口最终不会完全离开；旅游发展型基层村基于旅游产业逐渐替代农业产业的发展趋势，基层村人口会产生分流，一部分留下参与现代乡土旅游产业，其余部分会彻底分流离开，并且这种基层村是最早会有外来人口参与基层村人口构成的类型；生态发展型基层村人口单向外流的趋势相对简单明确。

常规的规划技术更侧重对人口规模的预测，以及对测算方法研究，因为各项设施必须依次确定，用地规模和布局结构也要基于人口预测。对于消解期基层村而言，人口流变规律研究与预测什么样的人口规模能支撑基层村做什么发展，远比研究与预测某个时候基层村会达到怎样的人口规模更有用，即“人口规模能引起什么质变，远比人口规模本身有意义”。更何况，从单一一个基层村估算人口，是不可能的技术路线。

因此，本书对基层村人口流变动态预测的方法，是基于上述三种类型的综合规律总结，主要提出消解期、消解阶段、各阶段临界点及其状态判断依据等。

（4）绿色消解是基层村面向发展的积极消解之路。实现基层村的绿色消解，必须全面整合农业生产系统、建筑生活系统和自然生态系统各自内部及其系统之间的关系，从社会政策、产业经济、空间转型、规划编制要求等各个领域综合调控对策。

基层村消解是其内外社会、经济与环境诸多因素复合作用的结果，基层消解的低效、资源浪费、非绿色与不平衡，是基层村农业生产系统、建筑生活系统和自然生态系统消解期缺乏一体化新融合的产物，反回来它又严重负效应地作用于基层村“生产—生活—生态”的各个方面及层面，形成消解与发展并存的矛盾体系。因此，基层村消解需要从社会政策、经济产业、空间转型、规划编制要求等各个领域综合调控对策，重新整合基层村农业生产系统、建筑生活系统和自然生态系统内部及其相互关系，最终实现基层村的绿色消解发展。

黄土沟壑区基层村转型发展所面临的一系列问题，并非依靠基层村就能够自行解决，解铃还须系铃人，基层村必须自强、自律、自信，同时也必须寻求更大系统的互惠和彼此之间的依存，应面向城乡各层级整体视野，从社会、经济、环境多方面应对，基于积极发展与绿色消解指导思想，整合自然生态系统、建筑生活系统和农业生产系统，转型基层村生活空间及其元素，调控规划编制内容与办法，实现黄土高原基层村建筑生活系统的绿色消解。

（5）城镇化进程中城乡发展方式迥异，在基层村的消解发展中，城市“人增—地增—新建”的模式不适用，基层村消解有其可量化分析因素和应对原则。

与城市“人增—地增—新建”的模式不同，基层村消解可量化分析因素包括：基层村空废率、基层村人口迁移率、户迁移率、生活空间破碎度、生产空间细碎度、集体活动公共空间废弃率、公共建筑废弃率等。对人口、建筑总量、宅院等进行量化的目的，是为实现绿色消解提供务实的资源量化数据，是系统内部与系统之间循环再利用的依据。

纵观农村城镇化与现代化历程，反思基层村消解发展，不难发现：其一，基层村消解要基于地域、环境资源条件和农村资源本底的特点出发。其二，基层村消解的研究不能是对单一一个村的研究，也不是对单一建筑生活系统的研究，因为基层村消解与社会、经济的发展是密切关联的，与“生产—生活—生态”一体化共生发展也是紧密相关的；其三，基层村消解的研究不能是对单一乡村问题的研究，因为乡村与城市共为一个系统，共享一个资源平台。农村坚持资源本底，坚持拥有的资源与城市资源是互补关系，如此确定的发展方向才能长远，基层村才能可持续发展；其四，城镇村体系中，基层村数量最多，形形色色、问题各异，要全部研究是不可能的，研究必须采取“地域分类”“解剖麻雀”和“创立模式”的办法；其五，基层村消解期发展有显著的规律和特点，必须尊重和积极利用，“顺势”才可能实现绿色消解；其六，绿色消解是基层村消解期转型的基本方法论思想。

8.2 研究的主要创新点

（1）针对黄土沟壑区基层村人口减少的发展模式，应对现行城市规划“增长式”技术模式体系的不足，探索基层村人居环境负增长（消解）期新的规划技术模式。

这是面对新问题、新视角寻求行业技术提升的基本方向创新中国城乡发展历程中，城乡人居空间环境始终都处在一种增长状态下发展，其表象特征是“人增，地增，新建”。与此相应，规划学科领域的规划技术对此状态的应对，一直是一种“增量化”的技术方法；已有的规划实践和已有研究成果，也都是围绕增长状态下的各种需求和矛盾问题而进行的。

当前乡村作为城—镇—村体系的末端角色，已经明显处在量变到质变的人口消减状态下，其表象特征是由人口减少所引发的农业生产系统、建筑生活系统和自然生态系统各自内部的不协调及系统之间的不平衡。而基层村这种“减量化”发展，尚没有相应的规划原理、方法来给予技术支撑。

本书是基于这样的视角，提出应对这个新问题的创新性规划视角，提出“消解式规划”的概念。

（2）针对黄土沟壑区基层村“减量式”发展，梳理黄土沟壑区基层村发展的基本规律和消解动因，提出黄土沟壑区基层村的绿色消解概念、绿色消解模式。

本书针对黄土沟壑区基层村，梳理其现状和问题，总结其类型、规律和动因，实证出黄土沟壑区基层村当前处在消解与发展的共同作用下。表现为基层村既存在总体人口消减，但也有劳动力人口的回流；宅院废弃空置在增加，但新建、修建宅院也在增加；土地抛荒、效益低下在增加，但地区的整体农业现代化水平在提高；优势劳动力人口在减少流失，家庭经济收入水平在大幅度提升等矛盾表征。

本书首次提出消解的概念，有以下几方面理论层面的扩展：其一，所指范畴得到扩展，不再着眼于单一问题研究，而是从农业生产系统、建筑生活系统和自然生态系统的内部和整体关系，寻求应对的方法；其二，修正对基层村复杂表象的认识，提出消解的概念及其本质内涵：消解是基层村发展的必要过程，消解不是基层村问题的本体；消解没有成为基层村良性发展的动力，这才是当前基层村发展遇到诸多问题的根源；其三，用“消解期”概念来描述“静态表征发展”到“动态过程把握”的转变。

在消解概念的基础上，针对黄土沟壑区基层村“减量式”发展的诸多表象，提炼出黄土沟壑区基层村消解期的关键科学问题——寻求面向发展的积极消解之路。首次提出黄土沟壑区基层村的绿色消解概念，在此基础上，在村域层面构建了基层村居住人口、建筑生活系统、居住建筑空间环境、公共服务设施的绿色消解模式，对基层村绿色消解对策提出了新的建议，并从整体角度提出绿色消解模式系统的构想。

（3）提出黄土沟壑区基层村绿色规划的基本原理与规划设计方法。

以“绿色”基础理论作为基层村绿色规划的基本原理，建立“生产—生活—生态”一体化发展系统模型。模型内涵指明，可以通过自然要素和人工要素的不同组合，创建出各种类型的基层村自然生态、农业生产和建筑生活的模式，并对消解期基层村的全部资源，在时间和地理空间上进行优化配置和优化利用。

本书提出黄土沟壑区基层村绿色消解的基本内涵，是面向人口减量化增长发展的积极消解；它追求的是“生产—生活—生态”一体化的一种新融合，而不是用一种发展形态消灭另一种发展形态；在目标上，它追求农业生产系统、建筑生活系统和自然生态系统三者的协调平衡与积极发展；在方法上，它主张“加速应该消解的，保护传承不应该消解的，转化利用可以消解的”；在技术上，它提倡本土性、低成本性、适宜性。

本书将黄土沟壑区基层村绿色消解的规划原理研究，应用在村落建筑空间空废资源的消解发展中，提出空废资源再利用的建筑设计方法。

（4）提出黄土沟壑区基层村绿色消解的对策。

基于“生产—生活—生态”一体化新融和的绿色消解基本原理，本书从外部社会政策、内部社会政策和“三农”社会政策三方面，理论性总结黄土沟壑区基层村绿色消解的对策。

本书从城镇产业经济、基层村现代农业产业、基层村生态产业、基层村休闲旅游产业四个方面，理论性总结黄土沟壑区基层村绿色消解的对策。

本书再从“生活空间—生产空间”转型、物质元素的“建筑生活空间—生产建筑空间”转型、承包田“分散型—集中型”转型、“基础设施—生产设施”空间转型、“历史文化遗产—休闲旅游”空间转型五个方面提出空间转型对策。

本书最后从适应基层村绿色消解规划编制要求的角度，建议：其一，独立编制镇域规划；其二，编制镇域现代农业发展规划；其三，编制基层村村庄整治利用规划。

8.3 待深化与待拓展空间

基层村研究是多方面多领域的，本书只是集中精力从城乡规划学和建筑学的专业角度，分析了基层村消解的问题。在村镇规划研究领域，针对这个问题，还可以继续从以下层面开展研究，以进一步深化我们对城镇化进程中基层村发展及其适宜的规划方法的认识和理解：

（1）黄土沟壑区基层村地域类型及类型模式研究。

（2）黄土沟壑区基层村消解期人口流变规律及动态测算方法研究。

（3）城镇化下黄土沟壑区基层村规划方法与技术导则研究。

（4）黄土沟壑区基层村民居建筑绿色消解模式与再利用对策研究。

参考文献

[1] 中国社会科学院社会学研究所. 社会蓝皮书：2014年中国社会形势分析与预测 [M]. 北京：社会科学文献出版社，2013.

[2] 联合国开发计划署，中国社会科学院城市发展与环境研究所. 2013中国人类发展报告：可持续与宜居城市——迈向生态文明. 北京：2013.

[3] 李克强. 协调推进城镇化是实现现代化的重大战略选择 [J]. 中国行政管理，2012，11：7-9.

[4] 西北大学中国西部经济发展研究中心. 中国西部经济发展报告（2013）[M]. 北京：中国人民大学出版社，2013.

[5] GB50188-2007. 镇规划标准 [S]. 北京：中国标准出版社，2007.

[6] 中华人民共和国住房和城乡建设部官方网站. 传统村落加速消亡 1561个受保护. http://www. mohurd. gov. cn/zxydt/201310/t20131021_215934. html.

[7] Dominique Van De Walle. Choosing Rural Road Investments to Help Reduce Poverty. World Development [J], 2002, 30 (4): 575-589.

[8] 郑俊，甄峰. 国外乡村发展研究新进展 [C] //中国城市规划学会. 规划创新——2010中国城市规划年会. 重庆：重庆出版社，2010：1-10.

[9] Jesko Hentschel and William F. Waters. Rural Poverty in Ecuador: Assessing Local Realities for the Development of Anti-poverty Programs [J]. World Development, 2002, 30 (1): 33-47.

[10] Jenny Briedenhann, Eugenia Wickens. TourismRoutes as a Tool for the Economic Development of Rural Areas——Vibrant Hope or Impossible Dream? Tourism Management [J]. Food Policy, 2004, 25: 71-79.

[11] Anit N. Mukherjee, Yoshimi Kuroda. Conbergence in Rural

Development: Evidence from India [J]. Journal of Asian Economics, 2002, 13: 385-398.

[12] Jock R. Anderson. Risk in Rural Development: Challenges for Managers and Policy Makers [J]. Agricultural Systems, 2003, 75: 161-197.

[13] Niklas Sieber. Appropriate Transport and Rural Development in Makete District, Tanzania [J]. Journal of Transport Geography, 1998, 1: 69-73.

[14] 吴亮. 发达国家二元经济转型中农业现代化的经验 [J]. 世界农业, 2014, 4: 33-37.

[15] Sylvain Paquette, Glerald Domon. Trends in Rural Landscape Development and Socioal Demographic RecompoSition in Southern Quebec (Canada) [J] . Landscape and Urban Planning, 2001, 55: 215-238.

[16] 俞斌. 城市化进程中的乡村住区系统演变与人居环境优化研究 [D]. 武汉: 华中师范大学, 2007.

[17] 唐国植. 拉美和东亚发展模式比较 [J]. 广西大学学报 (哲学社会科学版), 2000, 22: 57-67

[18] David L. Brown. Post-Socialist Restructuring and Redistribution in Hungary [J]. Rural Sociology, 2005, 3: 336-359.

[19] 丁毓良, 武春友. 生态农业产业化内涵与发展模式研究 [J]. 大连理工大学学报 (社会科学版), 2007, 4: 37-41.

[20] Human Genetics. The Population Structure of Rural Settlements of Sakha Republic(Yakutia): Ethnic, Sex, and Age Composition and Vital Statistics [J]. Russian Journal of Genetics, 2006, 12: 1452-1459.

[21] Michael S. Carolan. Barriers to the Adoption of Sustainable Agriculture on Rented Land: An Examination of Contesting Social Fields [J]. Rural Sociology, 2005, 3: 347-413.

[22] Eva Kiss. Rural Restructuring in Hungary in the Period of Socio-economic Transition [J]. Geo Journal, 2000, 3: 221-23.

[23] Dae-Sik Kim and Ha-Woo Chung. Spatial Diffusion Modeling of

New Residential Area for Land-Use Planning of Rural [J]. Journal of Urban Planning and Development, 2005, 131(3): 102-106.

[24] Siebert S, Haser J, Nagieb M, etc. Agicultureal, Architectural and Archaeological Evidence for the Role and Ecological Adaptation of a Scattered Mountain Oasis in Oman [J]. Journal of Arid Environments, 2005, 62(17): 177-197.

[25] Peter B. Nelson. Rural Restructuring in the American West: Land Use, Family and Class Discourses [J]. Journal of Rural Studies, 2001, 17: 395 - 407.

[26] Neil M. Argent, Peter J. smailes, Trevor Griffin. Tracing the Density Impulse in Rural Settlement Systems: A Quantitative Analysis of the Factors Underlying Rural Population Density Across South-Eastern Australia, 1981-2001 [J]. Population & Environment, 2005, 2: 151-190.

[27] Seong-Hoon Cho, David H. Newman. Spatial Analysis of Rual Land Development [J]. Forest Policy and Economics, 2005, 7: 732-744.

[28] Hazel Patterson, Duncan Anderson. What is Really Different about Rural and Urban Firms? Some Evidence from Northern Ireland [J]. Journal of Rural Studies, 2003, 19: 477-490.

[29] 胡少维. 城镇化模式国际比较与中国探索 [J]. 农村. 农业. 农民 (A 版), 2013, 8：53-58.

[30] C. B. Barrett, T. Reardon, P. Webb. Nonfarm Income Diversification and Household Livelihood Strategies in Rural Africa: Concepts, Dynamics, and Policy Implications [J]. Food Policy, 2001, 26: 315-331.

[31] Sylvain Paquette, Glerald Domon. Changing Ruralities, Changing Landscapes: Exploring Social Recomposition Using a Multi-scale Approach [J]. Journal of Rural Studies, 2003, 19: 425-444.

[32] T. Scarlett Epstein, David Jezeph. There is Another Way: A Rural-Urban Partnership Development Paradigm [J]. World Development, 2001, 8: 1443-1454.

[33] 刘晖. 黄土高原小流域人居生态单元及安全模式——景观格局分析方法与应用 [D]. 西安：西安建筑科技大学，2005.

[34] 雷振东. 整合与重构——关中乡村聚落转型研究 [D]. 西安：西安建筑科技大学，2005.

[35] 周庆华. 黄土高原河谷中的聚落：陕北地区人居环境空间形态模式研究 [D]. 北京：清华大学，2009.

[36] 于汉学. 黄土高原沟壑区人居环境生态化理论与规划设计方法研究 [D]. 西安：西安建筑科技大学，2007.

[37] 刘加平. 关于民居建筑的演变和发展 [J]. 时代建筑，2006，4：74-77.

[38] 霍耀中，刘沛林. 黄土高原村镇形态与大地景观研究 [J]. 建筑学报，2005，6：31-36.

[39] 郭晓东. 黄土丘陵区乡村聚落发展及其空间结构研究——以葫芦河流域为例 [D]. 兰州：兰州大学，2007.

[40] 马晓勇. 基于GIS的黄土高原县域农业生态系统可持续发展研究 [D]. 太原：山西大学，2011.

[41] 方炫. 黄土高原乡级尺度土地利用格局动态变化与生态功能区研究 [D]. 北京：中国科学院研究生院（教育部水土保持与生态环境研究中心），2011.

[42] 罗杰威. 生态村——生态居住模式概述 [J]. 天津大学学报（社会科学版），2010，1：23-27.

[43] 王传胜，范振军等. 生态经济区划研究——以西北6省为例 [J]. 生态学报，2005，7：64-69.

[44] 吴良镛. 中国城乡发展模式转型的思考 [M]. 北京：清华大学出版社，2009.

[45] 曾菊新. 现代城乡网络化发展模式 [M]. 北京：科学出版社，2001.

[46] 周若祁. 绿色建筑体系与黄土高原基本聚居模式 [M]. 北京：中国建筑工业出版社，2007.

[47] 邹东涛. 发展和改革蓝皮书：中国改革开放30年（1978~2008）[M]. 北京：社会科学文献出版社，2008.

[48] 葛丹东，华晨. 适应农村发展诉求的村庄规划新体系与模式建立 [J]. 城

市规划学刊，2009，184（6）：64-67.

[49] 全国人大常委会. 中华人民共和国城乡规划法 [S]. 北京：中华人民共和国主席令第74号，2007.

[50] 方明，刘军编. 新农村人居环境与村庄规划丛书 [M]. 北京：中国社会出版社，2006.

[51] 中共中央国务院. 中共中央国务院关于推进社会主义新农村建设的若干意见. 中发 [2006] 1号，2006.

[52] 邢谷锐，徐逸伦，郑颖. 城市化进程中乡村聚落空间演变的类型与特征 [J]. 经济地理，2007，6：57-64.

[53] 联合国教科文组织——熙可集团（中国）生物圈城乡统筹白皮书. 巴黎，2013.

[54] 袁建平，蒋定生. 论黄土高原沟壑区几种土地资源开发利用模式 [J]. 中国水土保持SWCC，1999，4：20-22.

[55] 黄河规划委员会. 黄河综合利用规划技术经济报告 [M]. 黄河规划委员会，1954.

[56] 汪光焘. 城乡统筹规划从认识中国国情开始——论中国特色城镇化道路 [J]. 城市规划，2012，1：9-12.

[57] 张立. 城镇化新形势下的城乡（人口）划分标准讨论 [J]. 城市规划学刊，2011，2：43-38.

[58] 周庆华. 陕北城镇空间形态结构演化及城乡空间模式 [J]. 城市规划，2006，2：39-45.

[59] 霍耀中，刘沛林. 流失中的黄土高原村镇形态 [J]. 城市规划，2006，2：56-62.

[60] 甘枝茂，岳大鹏等. 陕北黄土丘陵沟壑区聚落分布及用地特征 [J]. 陕西师范大学学报（自然科学版），2004，3：102-106.

[61] 张贺龙. 陕西省农村城镇化影响因素及其发展途径分析 [D]. 西安：西安工业大学，2012.

[62] 张慧. 1990—2010西北地区县域人口数量与空间集疏变化时空距离分析 [J]. 干旱区资源与环境，2013，27（07）：33-39.

[63] 徐明. 陕北黄土丘陵区农村聚落建设与生态修复关系研究 [D]. 西安：西北大学，2009.

[64] 宋劲松. 城乡统筹三阶段 [J]. 城市规划，2012，1：33-38.

[65] 褚志远. 西北地区农村剩余劳动力转移问题研究——制度变迁与人力资本溢出双重视角 [D]. 西安：西北大学，2007.

[66] 高虹. 村镇规划在城乡规划管理中的政策关系 [J]. 城市规划，2008，7：79-82.

[67] 张五常. 五常谈经济——美国补贴农业对中国有助. 张五常Steven N.S. Cheung新浪博客. http://blog. sina. com. cn/s/blog_47841af701000622. html.

[68] 陈锡文. 我国城镇化进程中的“三农”问题 [J]. 国家行政学院学报，2012，(6)：4-11.

[69] 赵之枫. 乡村聚落人地关系的演化及其可持续发展研究 [J]. 北京工业大学学报，2004，3：31-38.

[70] Tulus Tambunan. Forces Behind the Growth of Rural Industries in Developing Countries: A Survey of Literature and A Case Study from Indonesia [J]. Journal of Rural Studies，1995，2: 203-215.

[71] Fred Lerise. Centralised Spatial Planning Practice and Land Development Realities in Rural Tanzania [J]. Habitat International，2000，24: 185-200.

[72] 王景新. 我国新农村建设的形态、范例、区域差异及应讨论的问题 [J]. 小城镇建设，2006，3：79-85.

[73] 王东岳. 传统文化现代启示录（上）. 国学堂日记，开心网.http://www.kx001.com/ guoxuetang/diary/view_76412673_39414364. html.

[74] 冯骥才. 传统村落的困境与出路——兼谈传统村落是另一类文化遗产. 人民网，人民日报，2012，12，7. http://www. npopss-cn. gov. cn/n/2012/1207/ c219470 -19821903. html.

[75] 雷振东. 整合与重构——关中乡村聚落转型研究 [M]. 南京：东南大学出版社，2009.

[76] 张立. 论我国人口结构转变与城市化第二次转型 [J]. 城市规划，

2009，10：35-39.

[77]世界环境与发展委员会. 我们共同的未来[M]. 王之佳，柯金良译. 吉林：吉林人民出版社，1997.

[78]杨贵庆，黄璜，宋代军，庞磊. 我国农村住区集约化布局评价指标与方法的研究进展和思考[J]. 上海城市规划，2010，6：48-51.

[79]王伟强，丁国胜. 中国乡村建设实验演变及其特征考察[J]. 城市规划学刊，2010，2：79-85.

[80]牛慧恩. 城市规划中人口规模预测的规范化研究——《城市人口规模预测规程》编制工作体会[J]. 城市规划，2007，4：16-20.

[81]列宁. 列宁全集(第27卷)[M]. 北京：人民出版社，1990.

[82]焦峰，温仲明，李锐. 黄土高原退耕还林(草)环境效应分析[J]. 水土保持研究，2005，1：17-23.

[83]费孝通. 费孝通全集(第六卷)[M]. 内蒙古：内蒙古人民出版社，2002.

[84]李雅丽. 陕北乡村聚落地理的初步研究[J]. 干旱区地理，1994，1：61-67.

[85]曹锦清. 黄河边的中国：一个学者对乡村社会的观察与思考[M]. 上海：上海文艺出版社，2003.

[86]田莉. 我国城镇化进程中喜忧参半的土地城市化[J]. 城市规划，2011，2：11-13.

[87]黄宗智，彭玉生. 三大历史性变迁的交汇与中国小规模农业的前景[J]. 中国社会科学，2007，4：47-51.

[88]张新光. 论我国农地平分机制向市场机制的整体性转轨[J]. 西北农林科技大学学报，2003，5：1-8.

[89]夏南凯，王岱霞. 我国农村土地流转制度改革及城乡规划的思考[J]. 城市规划学刊，2009，3：82-88.

[90]傅伯杰等. 黄土丘陵沟壑区土地利用结构与生态过程[M]. 北京：商务印书馆，2002.

[91]张五常. 中国农民系列——舍农从工的考虑. 张五常Steven N.S.Cheung

新浪博客. http://blog. sina. com. cn/s/blog_47841af7010003rk. html.

[92] 武力. 过犹不及的艰难选择——论1949—1998年中国农业现代化过程中的制度选择 [J]. 中国经济史研究，2000，2：61-66.

[93] 周应恒，赵文，张晓敏. 近期中国主要农业国内支持政策评估 [J]. 农业经济问题，2009，5：18-22.

[94] 中共中央. 中共中央关于制定国民经济和社会发展第十一个五年规划的建议. 北京，2005.

[95] 崔丽，傅建辉. 浅释传统农业经济效益低下的原因 [J]. 广西社会科学，2006，131 (5)：49-52.

[96] 张庭伟. 梳理城市规划理论——城市规划作为一级学科的理论问题 [J]. 城市规划，2012，36 (4)：43-48.

[97] 中华人民共和国国务院. 村镇建房用地管理条例 [S]. 北京，1982.

[98] 中华人民共和国建设部. 村庄与集镇规划建设管理条例 [S]. 北京，1993.

[99] GB50188-93. 村镇规划标准 [S]. 北京：中国建筑工业出版社，1993.

[100] 中华人民共和国建设部. 建制镇规划建设管理办法 [S]. 中华人民共和国建设部令 (第44号)，1995.

[101] 中华人民共和国建设部. 村镇规划编制办法 (试行) [S]. 北京，2006.

[102] GB50188-2007. 镇规划标准 [S]. 北京：中国标准出版社，2007.

[103] GB50445-2008. 村庄整治技术规范 [S]. 北京：中国标准出版社，2008.

[104] 中华人民共和国住房和城乡建设部. 镇 (乡) 域规划导则 (试行) [S] . 中华人民共和国住房和城乡建设部建村 [2010] 184号. 北京，2010.

[105] 中华人民共和国住房和城乡建设部. 城市、镇控制性详细规划编制审批办法 [S]. 中华人民共和国住房和城乡建设部令 (第7号). 北京，2011.

[106] 中华人民共和国住房和城乡建设部. 村庄整治规划编制办法 [S]. 中华人民共和国住房和城乡建设部建村 [2013] 188号. 北京，2010.

[107] 郝栋. 绿色发展的思想脉络——从"浅绿色"到"深绿色" [J]. 洛阳师范学院学报，2013，32 (01)：6-10.

[108] GB 50378-2006. 绿色建筑评价标准 [S]. 北京：中国标准出版社，2006.

[109] 何志濠. 寰球特写：可持续发展战略 [J]. 广东科技，2010，228(1)：20-23.

[110](法) 法国可持续发展部际委员会. 国家可持续发展战略. 巴黎，2003.

[111] 李健，闫淑萍，苑清敏. 论循环经济发展及其面临的问题 [J]. 天津大学学报（社会科学版），2002，3：41-47.

[112] 梅萨罗维克，佩斯特尔. 人类处于转折点 [M]. 梅艳译. 北京：三联书店，1987.

[113] 朱利安·林肯·西蒙. 没有极限的增长 [M]. 成都：四川人民出版社，1985.

[114] 彭震伟，孙婕. 经济发达地区和欠发达地区农村人居环境体系比较 [J]. 城市规划学刊. 2007，2：83-87.

[115] 丁任重. 经济可持续发展：增长、资源与极限问题之争 [J]. 重庆工商大学（西部论坛），2004，4：56-61.

[116] 李伯华，曾菊新，胡娟. 乡村人居环境研究进展与展望. 地理与地理信息科学，2008，5：74-80.

[117](美) 德内拉·梅多斯，乔根·兰德斯，丹尼斯·梅多斯. 增长的极限 [M]. 李涛，王智勇译. 北京：机械工业出版社，2013.

[118] 王东岳. 物演通论 [M]. 陕西：陕西人民出版社，2009.

[119] 顾孟潮. 城乡融合系统设计——荐岸根卓朗先生的第十本书 [J]. 建筑学报，1991，6：17-21.

[120] 张黎梅. 一体、和谐、共生——水洼村统筹发展规划模式研究 [D]. 西安：西安建筑科技大学，2012.

[121] 汝信，傅崇兰. 城乡一体化蓝皮书：中国城乡一体化发展报告 [M]. 北京：社会科学文献出版社，2011.

[122] 中共中央关于全面深化改革若干重大问题的决定. 中国共产党第十八届中央委员会第三次会议，2013.

[123] 中华人民共和国农民专业合作社法. 中华人民共和国主席令第五十七

号，2006.

[124] 国务院关于进一步完善退耕还林政策措施的若干意见（国发［2002］10号）.

[125] 关于完善退耕还林粮食补助办法的通知（国发［2004］34号）.

[126] 国务院关于完善退耕还林政策的通知（国发［2007］25号）.

[127] 中国农村研究报告（2010）[M]. 北京：中国财政经济出版社，2010.